探索家

世界博物大图鉴

# 花之王国 4

## 珍奇植物

Kingdom of Flowers

*Exotic Plants*

[日] 荒俣宏 著

段练 译

《冬》四季的拟人化之一。将抽象概念寄于人物身上，然后再描绘成带有寓意的图像。（选自《英国田园志》，1682 年）

天津出版传媒集团

天津科学技术出版社

# 目录

出自菲利克斯·爱德华·格林-梅内维尔（Félix douard Guérin-Méneville）的《博物图解大全》（*le Dictionnaire pittoresque d'histoire naturelle*，1833—1839年）。格林-梅内维尔是一位博物书出版商，深受博物学家居维叶的影响。《博物图解大全》是面向大众的百科图谱，书中插图专业性不高，更追求美学享受，因此获得了广泛的读者群。书中的植物插图中经常出现鸟类和昆虫。

C. LINNE

天地庭园巡游

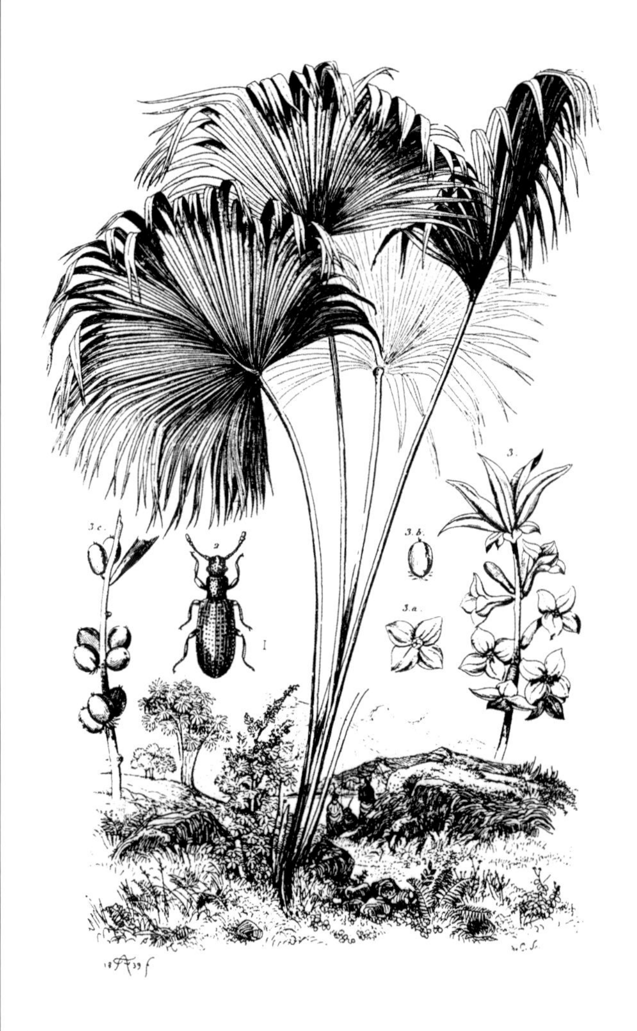

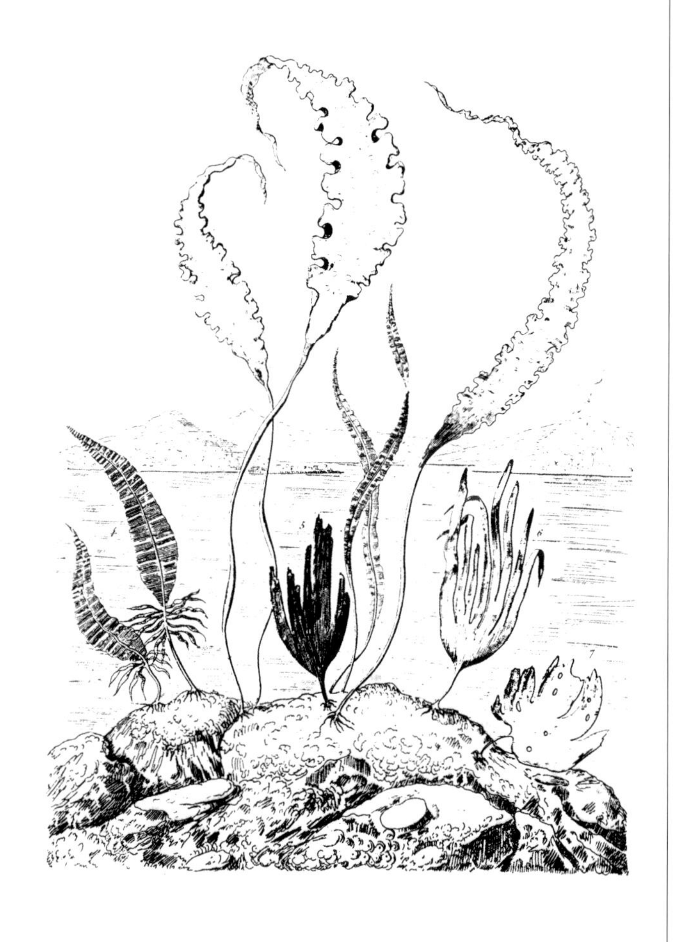

## 《花之王国》读法

**【结构】**
共4卷：第1卷《园艺植物》，第2卷《药用植物》，第3卷《实用植物》，第4卷《珍奇植物》。各卷均从总数达30余万种的植物中，挑选了最符合主题的奇特而美丽的植物，各页均有关于每种植物的标题、解说、插图及插图介绍。卷末还设有专栏“天地庭园巡游”，介绍了25座围绕古今与东西、真实与虚构的庭园，以探索人类与植物之间影响深远的关系。

**【标题】**
在植物介绍部分，日文版以代表性植物俗名作为标题，而中文版选取科名、属名或物种名作为标题，进行了更符合分类学的处理。

**【解说】**
包括“原产地”“学名”“日文名”“英文名”“中文名”。其中“日文名”“英文名”“中文名”为各种语言环境中植物的通用名或俗称。

**【插图】**
每幅插图中所涉及的植物均给出了目前通用的学名[1]（种级别）。由于植物学研究的不断推进，植物的学名也在不断更新和完善，所以中文版出版时，编者对日文版中个别植物的学名进行了相应的更新。另外，在插图介绍的最后，可根据“➡”所指的号码在附录“图片出处索引”中找到对应插图的出处。

1 极少数植物存在异物同名的情况，为使表述更明确，相关学名后添加命名人以作区分。另外，还有一些特殊的植物在学界尚未有正式确认的中文名，这里直接采用了其拉丁学名，以方便读者查阅相关资料。——编者

# 探寻失落的天堂

## ——植物画及其背后的艰辛

### 超越幻想的现实

本书是《花之王国》的第4卷，介绍了发现于世界各地的奇花异草。

本卷尽可能地将人工栽培植物（见《花之王国1：园艺植物》）排除在外，因此，将“来自大自然的珍奇”作为本书的主题可能更贴切。在这一主题之下，本卷主要根据以下两个标准来挑选“珍奇植物”：

其一，仅在一个地点发现。

其二，普遍分布，但在形态或生态方面与众不同。

毋庸赘言，“珍奇性”是本卷介绍的所有植物最突出的特性。事实上，这些植物或许有极高的药用价值，常常能救人于危难之中，但是，它们的“珍奇性”和美丽也同样为人类的心灵提供了无尽的滋养。

大自然创造了色彩、形状，以及有趣的生态奇观。即使这些珍奇植物实际上并不滋养我们的生命，也依旧能够让我们感受到人生的乐趣，从而产生喜悦之情。

一种桉树，结出的果实十分有趣。出自1801—1803年前往澳大利亚的博物学家费迪南德·卢卡斯·鲍尔（Ferdinand Lucas Bauer）绘制的博物画。

因此，本书的主旨纯粹是给读者的视觉和心灵带来愉悦，而能够给视觉和心灵带来最大愉悦的，无一不是令人啧啧称奇之物。事实上，必须承认的是，我们见过许多奇幻的植物插图，但我们实在很难分辨，它们究竟是按照真实的标本临摹的，还是进行了一定的艺术创作，这种感觉实在是有些糟糕。请看第9页和第12页的插图，这5幅插图均出自18世纪西方的植物图鉴。它们描绘的究竟都是什么植物呢？

第一幅（第9页）出自约翰·威廉·魏因曼的《药用植物图谱》，展示了一种异常奇幻的植物。

魏因曼的《药用植物图谱》是18世纪最杰出的植物相关著作之一，平户藩主松浦静山和江户时代的博物学家栗本丹洲都曾大量参考这本书。然而，正如你所见到的，即便是如此备受赞誉的图谱，其中也不乏“身份”不明的怪异植物。

根据原书，这是一种名为“Caranna”的植物。不过，即使是植物学家恐怕也很难准确地识别它。仅从外形上看，它与棕榈属（*Trachycarpus* spp.）相似，有掌状叶片。不过，由于只有茎的顶端有叶片，它与棕榈属又不完全相同。因此，如炸开烟花般的叶片其实有可能是它的果实或花朵。

那么，它究竟是不是一种棕榈属的植物呢？看起来并不是。根据树干上覆盖着鳞片这点，它更像是远古时期颇为兴盛的鳞木属（*Lepidodendron* spp.）。当然，鳞木属很早就已经灭绝了。

位于第12页上方的两幅彩色插图出自法国人皮埃尔-约瑟夫·布克霍兹（Pierre-Joseph Buc'hoz）的《伊甸园》（*Le Jardin d'Eden*，1783年）。布克霍兹同样是18世纪声名显赫的博物学家，尤以绘制产自中国的植物而闻名。这两幅插图极其逼真，并充分显示了植物在分类学上的特征——至少看起来是这样的。

然而，鉴定后，你会发现它们依旧“身份”成谜。右上方有奇特花朵的植物被命名为“Epidendrum”，它让人联想到石竹科，但这种植物的花朵结构更接近虎耳草属（*Saxifragaceae* spp.）和景天科。真是越看越让人摸不着头脑。

左上方名为“Pougara tetrapetala”的植物看起来特征鲜明，给人一眼就能识别出来的感觉；它的花朵为离瓣花，花蕊多，看起来像是一种相对原始的植物；叶片让人联想到日本厚朴（*Houpoea obovata*）和紫木兰（*Yulania liliiflora*）。花蕾和副花瓣的形状是辨认的关键，它很有可能是一种位于南半球的常绿植物，但在核对其学名时，你依旧查不到它的“身份”。

布克霍兹曾创作过大量脱离现实的不合理的插图，这为他招致许多批评的声音。但我们反过来想想，之后再没有人能像他那样，忠实地展现那个时代的偏见与幻想。他的《中国与欧洲植物图谱》（*Collection précieuse et enluminée des fleurs les plus belles et les plus curieuses qui se cultivent tant dans les jardins de la Chine que dans ceux de l'Europe*，1776年）便是一个再好不过的例子。包括笔者在内，许多人都为这本充满中国风情的杰作所折服，但它被认为毫无科学价值。我们不妨来看看在第12页下方的两幅“问题作品”。

这两幅插图似乎是中国花鸟画的摹本，乍一看充满了令人愉悦的真实感。右下方的插图题为“铁树”，画家甚至刻意临摹了汉字，加之插画中有或名为红嘴蓝鹊（或紫寿带鸟）的常见于中国的鸟，这些都赋予了这幅插图浓烈的中国风情。不过，这棵酷似珊瑚的红褐色树木的“真面目”，我们也不得而知。布克霍兹故意没有留下任何关于它的信息。

澳大利亚产的一种苏铁，由费迪南德·卢卡斯·鲍尔绘制。

一种来自东方的无花果，由玛丽亚·西比拉·梅里安（Maria Sibylla Merian）绘制。

最后，让我们看看第12页左下方的插图，这株植物叫作“虎茨”。奇岩在中国往往具有象征意义，寓意“长寿”。这株植物枝干上结着的果实很像南天竹（*Nandina domestica*）或朱砂根（*Ardisia crenata*）的果实，但要想确认它的物种实属不易。

以上这几幅插图中的植物看似特征鲜明、容易辨认，实际上很有可能是想象出来的。当然，这并不意味着画家故意创造出了几种奇异的植物。也许，面对实物或根据描述，他们已经尽可能忠实且逼真地再现了植物的外观。

那么，为什么18世纪的植物画家要创作这种难以辨认的画呢？其实，也许与后世那些以“逼真”为卖点的博物画相比，这样的画反而传递了更深层次的文化意义。有鉴于此，前面我提出的疑问很有必要换一种说法——人类是如何填补现实与幻想之间的鸿沟的？

借由以上5幅“幻想画”，我最先要说的是，人们在遇到从未见过的东西时，会先提取它的整体印象，而非细节。但讽刺的是，整体印象恰恰是由某些突出的细节组成的。换句话说，细节创造了整体。在我提到的第一幅插画中，掌状叶片（也可能是其他结构）和带鳞片的树干形成了画家对这株植物的整体印象。至于剩下的元素，用计算机术语来说就是“默认”的，即套用了每个人都能想到的植物的细节。

如果是上述情况，那么画家绘制的植物画就算不上“写实画”，而是由未知元素与已知元素结合的合成画。这是因为写实画需要遵循“两个忠于”的原则：忠于被描绘的对象，忠于看到作品的人。

一种东印度群岛产的无花果，外形看起来有点儿瘆人，出自布克霍兹的《植物界的博物志》（*Histoire universelle des végétaux*，1783年再版）。

物种不明的怪植物，出自魏因曼的《药用植物图谱》。

如果连第一条都做不到，那么这幅画当然是虚构的。然而，如果做到了第一条，却忽视了第二条，那么无论画家画得多么逼真、还原，在观赏者看来，画都是不自然的。因此，为了给观赏者留下自然的印象，早期的博物画家向他们描绘的植物中加入了一些“刻板印象”。

如此一来，“第一次见到的东西”就用了蒙太奇的手法被描绘了出来——先将有特征的细节和“刻板印象”组合起来，然后再融入其他特征不那么明显的细节。

画中的任何偏差、错误或夸张都产生于这个过程。出现这些“幻想画”，与其说是画家细节观察力的问题，不如说是综合绘画程序的问题。很多学生都认为花卉写生“小菜一碟”，但真的拿起笔时就会发现，这绝对不是一件简单的事。

卡尔·冯·林奈创建的生物分类系统进一步说明了这一点。虽然图画和文字之间存在差异，但林奈创造的命名法与画家绘制“幻想画”的整体思路是一样的。林奈采用双名命名法对植物进行分类和命名。第一个名字用于描述该植物属于哪个类别（属名）；第二个名字是种加词，用来描述该物种最显眼的特征或特点。显而易见，这正是已知（整体）与未知（新发现个体）的合成。

在“已知”的部分上，林奈重点关注雌蕊和雄蕊的数量。因为这是一个重要元素，能将所有的植物放在一起讨论。如此，在18世纪的植物画中雄蕊、雌蕊和花瓣的数量“不约而同”地做到了“绝对还原”。

对于“未知”的部分，林奈在描述生物的颜色和形状等特征的同时，还将原产地或生物的特性加到名字中，因为它们有可能成为某个新物种的特征数据。例如，在18世纪，欧洲人只要看到“Cape”[1]这个词，脑中就会清晰地出现某种印象。同样，金字塔、佛塔、原住民等有寓意的元素也都被加入植物画。无论是生物分类法还是绘画表现手法，它们在定义植物时都遵循了相同的程序。

从这个意义上说，植物画必须是系统（幻想）与特征（现实）的融合。最重要的是，这些植物画能给观赏者带来怎样的“新奇感”，取决于二者的融合程度。事实上，一幅植物画是否真实地对标本进行了还原是次要的。这是因为大部分画中的植物本就呈现令人难以置信的奇怪形态，画家没必要忠于被描绘的对象。

## 将珍奇植物化为图像

确实，在18世纪的欧洲，大量未知植物进入了人们的视线。这些未知植物在进入欧洲前，首先要经过分类学家和博物画家之手。

以詹姆斯·库克船长赫赫有名的第一次太平洋航行为例。这次航行带回了约3万种植物标本和18册植物图谱。与库克船长同行的还有植物学家约瑟夫·班克斯，以及林奈的学生、瑞典植物学家丹尼尔·索兰德（Daniel Solander）和年仅23岁的博物画家西德尼·帕金森（Sydney Parkinson）。三人共同为航行中陆续发现的植物绘制插图。班克斯曾描述当时的情形：

“我们围坐在一张大桌子旁，画家坐在我们的对面，大家一直熬到深夜。我们一边告诉画家要如何绘制植物的哪个部位，一边在植物还有生命力的时候迅速记录下其细节特征。”

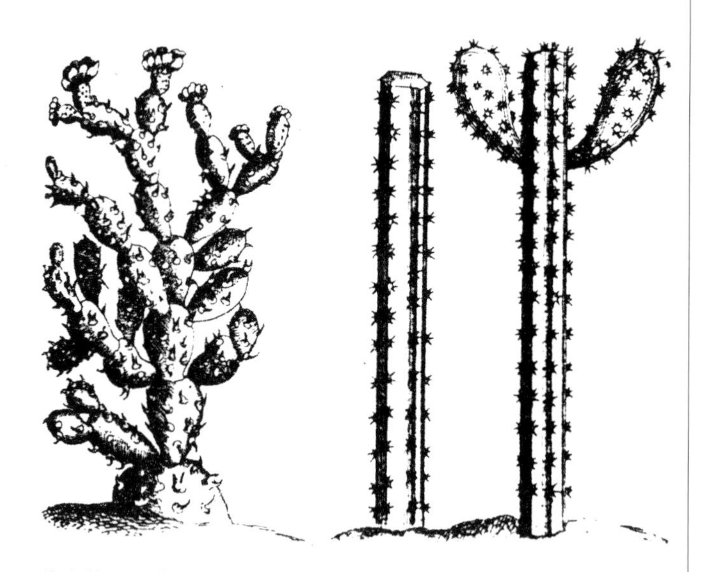

仙人柱和圆扇仙人掌，
由梅里安绘制。

1　源于Cape Colony，开普殖民地，位于南非，曾是英国殖民地。——编者

少年时代的西德尼·帕金森。出自帕金森于1784年出版的《航海日志》（*Journal of a voyage to the South Seas*）的扉页。

然而，在深夜工作伤害了画师的眼睛。近代植物图谱的先驱康拉德·格斯纳和18世纪最伟大的植物画家乔治·狄奥尼修斯·埃雷特（Georg Dionysius Ehret）都是如此。博物画家爱德华·利尔（Edward Lear）多画动物，但同样苦于视力减退。这个问题甚至让画师不得已放弃这份工作。

如此绘制的植物画一般有多高的完成度呢？下面就是一个例子（第13页）。这种植物叫“Banksia”（一种佛塔树属植物），发现于澳大利亚。事实上，右上方的是帕金森绘制的原始草图。这些草图连同班克斯和索兰德的文字记录被一起从发现地送往英国的博物馆，仅这一项任务就十分艰巨。可以说，库克船长厥功至伟，他的航行是一项世界性成就。航行的成果自然要广而告之，因此，帕金森的草图也作为正式的铜版画被出版。

然而，帕金森在航行途中病逝于大海上。这位年仅26岁就晨星陨落的画家再没有机会完善这些草图了。

有趣的是，大桌子上的同一株植物被画家和植物学家以各自的方式记录了下来。有时，他们相互交流，用画笔和钢笔记录同一种植物，以便快速记录下其特征。这也说明，无论绘画还是文字记录都需要新鲜的标本。

在这种争分夺秒的工作中，学者和画家必须有共同的关注点，这样才能提高工作效率。林奈提出的双名命名法也是基于以下目的：能够在野外快速抓住并记忆植物的特征，以便绘制粗略的草图。

龙血树，图中人物可能是亚历山大·冯·洪堡（第71页），出自西奥多·弗里德里希·路德维希·内斯·冯·埃森贝克（Theodor Friedrich Ludwig Nees von Esenbeck）的《药用植物志》（*Plantae officinales*，1821年）。

Pl. XXV.
Jardin d'Eden.
Pougara Tetrapetala. Aublet. Le Bois puant, ou Bois de merde.

Pl. XXIV.
Jardin d'Eden.
Epidendrum Bouvartia. Nobis. La Bouvart.


两幅物种不明的彩色植物插图，出自布克霍兹的《伊甸园》。

两幅“问题作品”，出自布克霍兹的《中国与欧洲植物图谱》。

一种佛塔树属植物的图像变迁。右上为西德尼·帕金森绘制的草图。右中为约翰·弗雷德里克·米勒的成品图。右下为弗雷德里克·波利多尔·诺德制作的铜版画。左上为1988年发行的《班克斯花谱》中的插图。左下为约瑟夫·班克斯带回的标本。

一种无花果，由梅里安绘制。

帕金森的例子有些极端了。不过，他即便没有在大海上病逝，回到岸上后应该也十分忙碌，在草图出版时恐怕已经着手进行其他的工作了，完善草图最终还是会委托给其他人。

这里就不得不介绍另一位植物画家约翰·弗雷德里克·米勒（John Frederick Miller）了。米勒出生于德国纽伦堡，其父亲约翰·塞巴斯蒂安·米勒（Johann Sebastian Miller）也是著名画家，曾为林奈的分类学著作绘制插图。约翰·弗雷德里克·米勒是当时最适合接手完善草图工作的人。

米勒立即以班克斯带来的腊叶标本（第13页左下）为参考，绘制出了成品图（第13页右中）。这就像神奇的炼金术。标本只不过是干枯的植物罢了，若想将它们转化成栩栩如生的样子，必然需要深广的植物学知识。

不过，工作并未到此结束。米勒完善了帕金森的草图，接下来还要将其刻在铜版上（第13页右下）。只有这样才能印刷出来。

雕刻工作由弗雷德里克·波利多尔·诺德（Frederick Polydore Nodder）完成，他是英国皇家御用的铜版雕刻师，也是经验丰富的植物画家。他总共雕刻了738幅版画，并准备将其结集出版为《班克斯花谱》。

然而，身兼英国皇家学会会长等要职的班克斯忙于工作，没有时间出版这些版画。直到1988年，即那次航行结束200多年后，保存于大英博物馆的所有原始手稿才得以印刷成彩图（第13页左上），并向全世界公开。

珍奇植物在某一地区被采集，其实物标本、草图和文字记录被整合在一起，形成丰富的数据库，接着由多名画家、雕刻家和拓印师合作将其制作成成品图谱，并最终呈现在大众面前。

可以说，我们如今能够看见这些珍奇植物画，与其背后众人的艰辛付出是分不开的。

## 追寻珍奇植物的喜悦

普通人根本想象不到，一幅小小的插图需要耗费千辛万苦才能出现在人们的视线中。有的人为此失去了生命，有的人为此失去了视力，还有人为此失去了平稳的生活。

但那些不惜代价也要探究植物的人获得了只有他们才能体会到的喜悦与骄傲。最后，我想介绍一位女性植物画家，请你和我一起来探究这份喜悦的实质。

这位女画家是玛丽安娜·诺斯（Marianne North）。作为维多利亚时代的未婚女子，她学习水彩画，以去邱园进行花卉写生为乐。邱园里的奇异植物激发了她对神秘世界的向往。1869年夏天，玛丽安娜与父亲一起去萨尔茨堡登山旅行，然而，她的父亲在登山时不慎滑倒，被送回英国后没几天便去世了。

这件事让她对探寻神秘世界的渴望进一步加深，父亲的去世使她失去了这个世界上与她最亲近的人，她觉得自己被这个世界抛弃了。于是，玛丽安娜决意以植物画家的身份活下去，并于1871年首次前往美国。后来她去了牙买加，并在当地一座废弃的植物园中作画，这成为她新事业的起点。

明治八年（1875年）八月，玛丽安娜前往日本进行植物写生。此时的日本刚刚解除闭关锁国的状态，明治天皇只允许她停留3个月，并与她约法三章，不允许她从事基督教传教工作或批评日本内政。尽管被风湿热折磨，玛丽安娜还是坚持在日本各地进行写生。途中，她曾病倒在京都，但日本那些她从未见过的动植物让她备受鼓舞。

玛丽安娜不只画素描画，她还会现场绘制油画。据说，她在游览世界各个未被探索的地区时不停地创作油画，总数达500多幅。特别是在印度，她决心画下当地所有的圣树和圣草，甚至在山中遭到毒蛇的袭击。玛丽安娜

婆罗洲的大花蕙兰
（*Cymbidium hybrid*），
由玛丽安娜·诺斯绘制。

玛丽安娜厌恶人类社会，也许是因为它美丽却并不令人好奇。即便是在非洲和亚洲深入未被探索的地区，她也不信任当地人，因为她随时面临着被偷窃和攻击的风险。但她可以信任一株“沉默”的植物。在那未知世界的尽头，植物可以永远保持它的美丽和强大。珍奇植物就是带领玛丽安娜探寻失落天堂的向导。

对玛丽安娜来说，越是珍奇的植物，越是陌生的物种，就越令她向往和欣喜。因为这证明她离天堂的入口更近了。

我相信，本书中的珍奇植物图也能给我们这些迷失于现实世界的人带来一些心灵上的慰藉。

后来回忆道：“我在画画时，总是被饥饿、发热和洪水折磨，但这些丝毫没有让我的热情减退。”

1879年，身心疲惫的玛丽安娜回到家中。她在家乡遇到了查尔斯·达尔文。这位老博物学家告诉她澳大利亚的植物是多么珍奇，于是她立刻动身前往世界的另一端。1890年，她因劳累过度而去世。直到去世前，她仍在不停地探索着未知的世界。她的作品至今仍收藏于邱园的“玛丽安娜·诺斯纪念画廊”中，所有人都可以进入并参观。

我不禁思考，是什么驱使着一位柔弱的女性前往当时世界上罕有人迹的角落？玛丽安娜来到被称为“基督教传教垃圾堆”的非洲后，不顾病痛，冒险深入荒野，只为寻找热带的珍奇植物。因为，“离吟唱圣歌的地方越远，花儿就开得越美丽、越茂盛”。

是的，大自然将它创造的最美丽、最珍奇的东西都藏在了未被探索的秘境。

凤梨科龙舌凤梨
（*Puya chilensis*）
的蓝色花序，由
玛丽安娜·诺斯
绘制。

## 珍奇植物
exotic plants

VUE D'UNE PARTIE DU VI

塔希提岛上一个村寨的景观，出自法国博物航海记的最高杰作，勒内·普利韦雷·莱森（René Primevère Lesson）的《贝壳号航海记》（*Voyage autour du monde, entrepris par ordre du gouvernement sur la Corvette La Coquille, Pourrat frères*，1826—1834年）。塔希提岛上有许多种棕榈树。插图绘制时，太平洋热带植物开始走向世界，面包树就是一个最好的例子。

# 犀角属

【原产地】非洲南部。

【学　名】*Stapelia*：属名由林奈命名，取自阿姆斯特丹植物学家和医生约翰内斯・博达厄斯・范・斯塔佩尔（Johannes Bodaeus van Stapel）的名字，他曾为泰奥弗拉斯托斯的《植物志》（*Historia Plantarum*）作注。

【日文名】スタペリア（sutaperia）：由属名演变而来。

【英文名】carrion flower：意为“腐肉之花”，因花色与散发的恶臭而得名。Starfish flower：意为“海星花”，因花形酷似海星而得名。

【中文名】豹皮花。

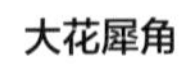

**大花犀角**
*Stapelia grandiflora*
在画这张插图的年代，它被称为“大型花贝母”。园艺名为“大花犀角”。➡⑨

**杂色豹皮花**
*Orbea variegata*
*Stapelia variegata* L.（异名）。最早被荷兰传教士带入欧洲的犀角属。园艺名为“牛角”。➡①

犀角属，原产于非洲南部的多肉植物，花形酷似棘皮动物中的海星。这种花不仅外观独特，其生态也令人称奇——花朵会散发出腐肉般的恶臭味，能够吸引肉蝇在此产卵。由卵发育而来的蛆虫进入花朵，使藏于花朵内部的雄蕊的花粉贴在雌蕊的柱头上，以此帮助犀角属完成授粉。

在约瑟夫・班克斯的推荐下，园丁弗朗西斯・马森作为邱园的第一位正式的植物猎人被派遣出去，由此发现了本属并将其带回欧洲。他搭乘库克船长的船抵达好望角，与后来在日本出岛当医生的林奈的学生卡尔・彼得・通贝里一起采集植物。在此期间，马森遇到了许多危险，还差点儿被逃亡的奴隶扣为人质。回国后，他完成了有关本属的著作，并继续前往亚速尔群岛和西班牙等地采集植物，最终于1805年客死加拿大。

**大花犀角**

*Stapelia grandiflora*

会散发出强烈的臭味，绿蝇经常在此产卵。园艺名也是“大花犀角”，用动物角来命名这点十分有趣。➡⑳

*Huernia barbata*
*Stapelia barbata*（异名），已被归于剑龙角属（*Huernia*）。最早出现在《柯蒂斯植物杂志》中时，学名被明确记为“*Stapelia barbata*”。➡④

**毛犀角**
*Stapelia hirsuta*
*Stapelia peglerae*（异名）。特征明显，具有非常高的辨识度，却很少出现在如今的植物图鉴中。➡㉓

# 猫儿屎

【原产地】中国（除西北地区）、缅甸、尼泊尔。

【学　名】*Decaisnea insignis*：属名“*Decaisnea*”源于曾任巴黎植物园园长的植物学家约瑟夫·迪凯森（Joseph Decaisne）的名字。

【日文名】どぅけーねあ（dōkēnea）：属名的日文音译。

【英文名】decaisnea：源于属名。

【中文名】猫儿屎。

**猫儿屎**
*Decaisnea insignis*
猫儿屎属是木通科中较为原始的一个属。果实结在灌木上，而非藤蔓上，这种结果形式在木通科中十分少见。➡⑱

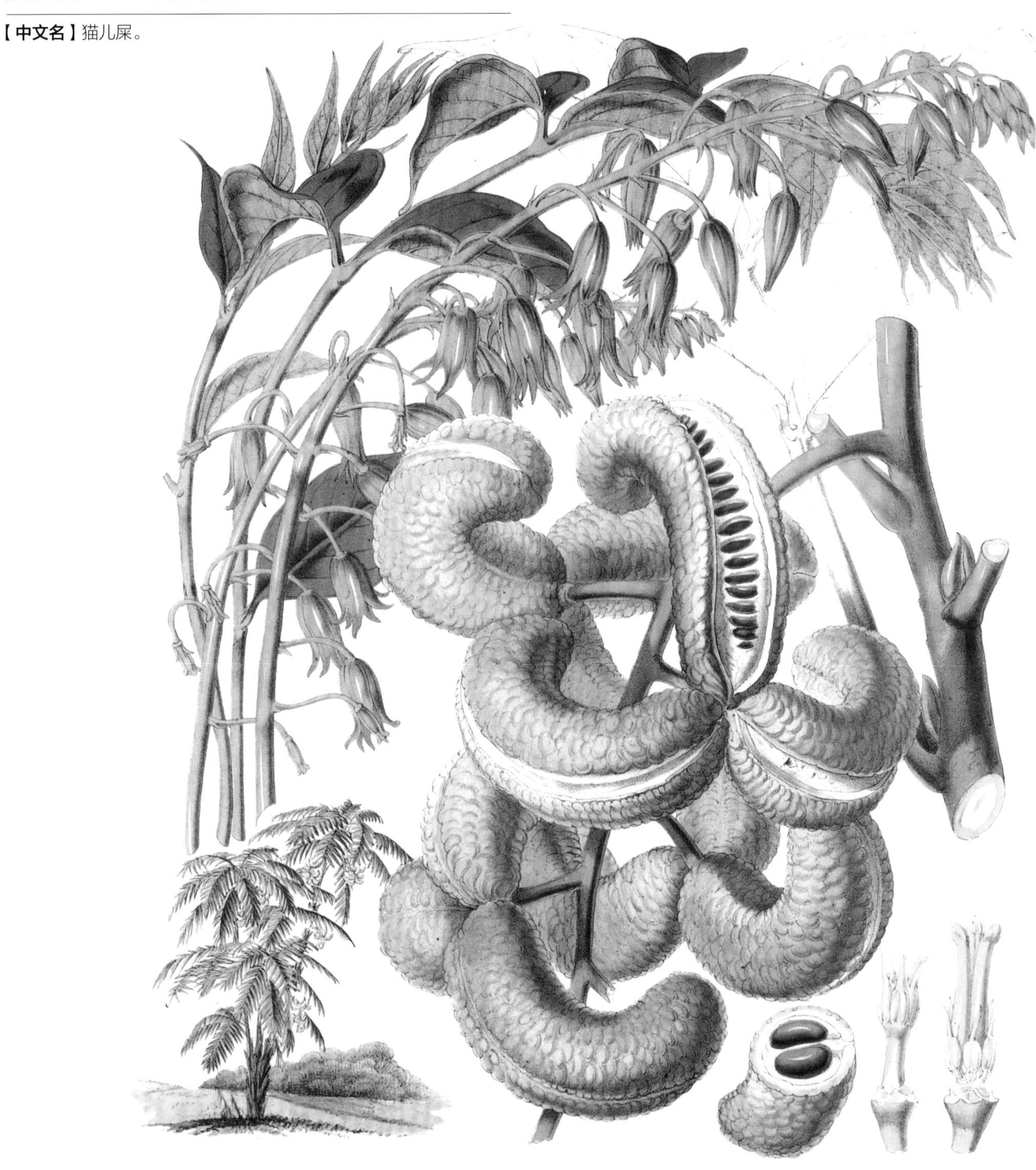

猫儿屎，木通科落叶灌木，高3米左右。中国西南部至中部均有分布；在中国境外，分布于南亚的尼泊尔、不丹、印度、缅甸。叶片为奇数羽状复叶，开黄色花，果实可食用。最早将猫儿屎传入欧洲的是法国植物猎人保罗·纪尧姆·法格斯（Paul Guillaume Farges），他于1892—1903年在中国南方采集植物，这期间将猫儿屎的标本寄往了巴黎自然历史博物馆。猫儿屎的异名“*Decaisnea fargesii*”中，种加词“*fargesii*”就是以法格斯的名字命名的。

木通科多为藤本，少有灌木。从这点来看，猫儿屎的确十分稀奇。

# 佛塔树属

【原产地】澳大利亚。

【学　名】*Banksia*：属名源于英国植物学家、探险家约瑟夫·班克斯的名字。

【日文名】バンクシア（bankushia）：属名的日文音译。

【英文名】australian honeysuckle：意为“澳大利亚忍冬”。

【中文名】佛塔树。

**佛塔树属一个未知种**
*Banksia* sp.
这幅精美的插画，收录于《班克斯花谱》，该书在库克船长完成航行200年后终于得以出版。➡⑪

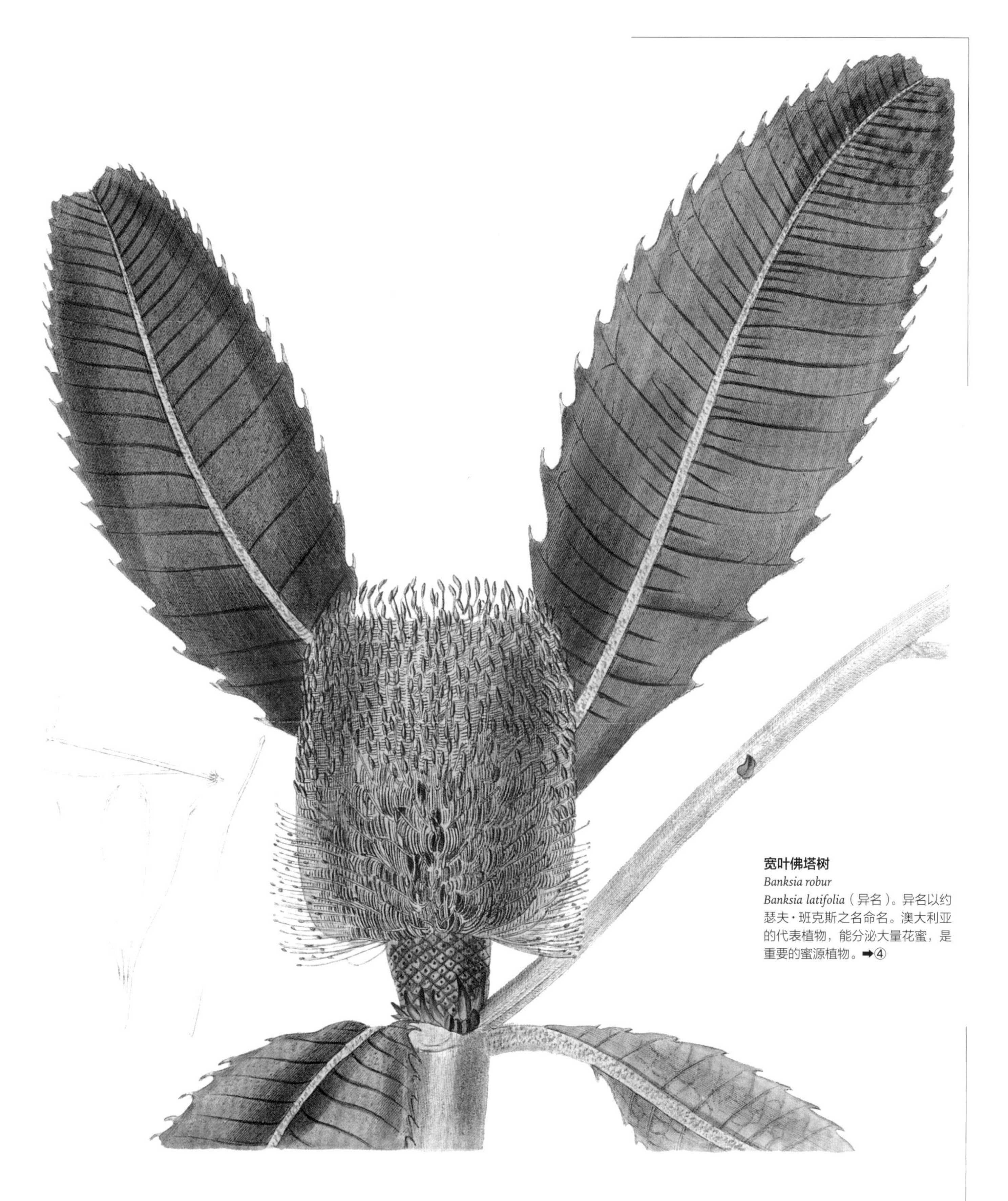

**宽叶佛塔树**
*Banksia robur*
*Banksia latifolia*（异名）。异名以约瑟夫·班克斯之名命名。澳大利亚的代表植物，能分泌大量花蜜，是重要的蜜源植物。➡④

佛塔树属，木本植物，与原产于南非的帝王花属同属于山龙眼科，澳大利亚最常见的植物之一。花序大而稀疏，外形很像长出了茸毛的玉米；靠甜美的花蜜吸引昆虫、鸟类授粉，只有被昆虫、鸟类采集过花蜜的花才会结出种子。花附着在棒状花序的外围，数量惊人，看上去仿佛有无数唇瓣一般。仔细打量它的果实，这些“唇瓣”仿佛在不断开合，喋喋不休地说着话，真是奇妙无比。重要的是，它们不仅长得像唇瓣，而且作用也与唇瓣相似，因为种子就是从其中喷射出来的。

约瑟夫·班克斯参加了库克船长的第一次航行，并在塔希提岛和澳大利亚采集了许多之前从未见过的植物，从而一跃成为民族英雄。为了纪念他，林奈便以他的名字为这类植物命名。

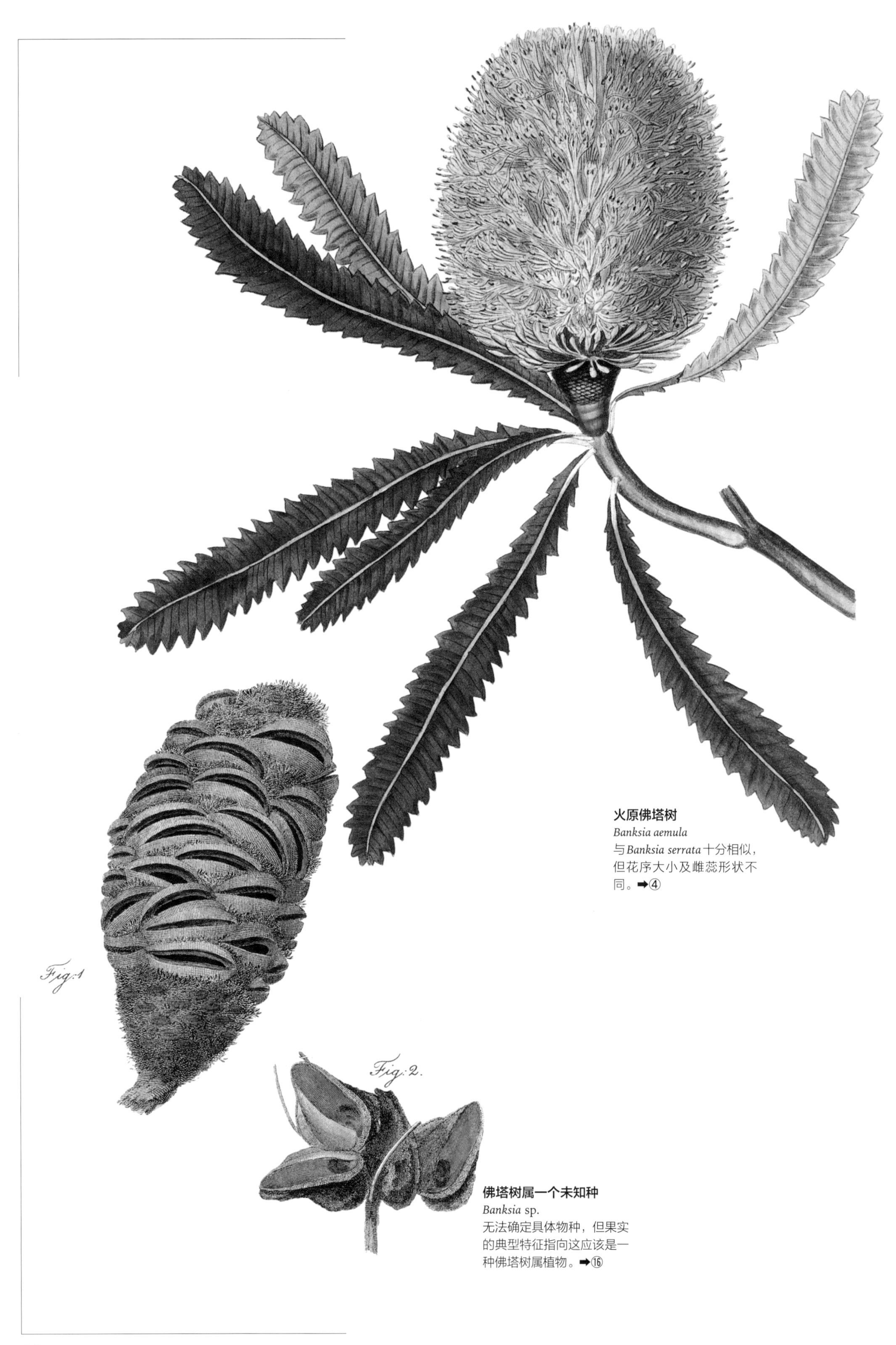


**火原佛塔树**
*Banksia aemula*
与*Banksia serrata*十分相似，但花序大小及雌蕊形状不同。➡④

**佛塔树属一个未知种**
*Banksia* sp.
无法确定具体物种，但果实的典型特征指向这应该是一种佛塔树属植物。➡⑯

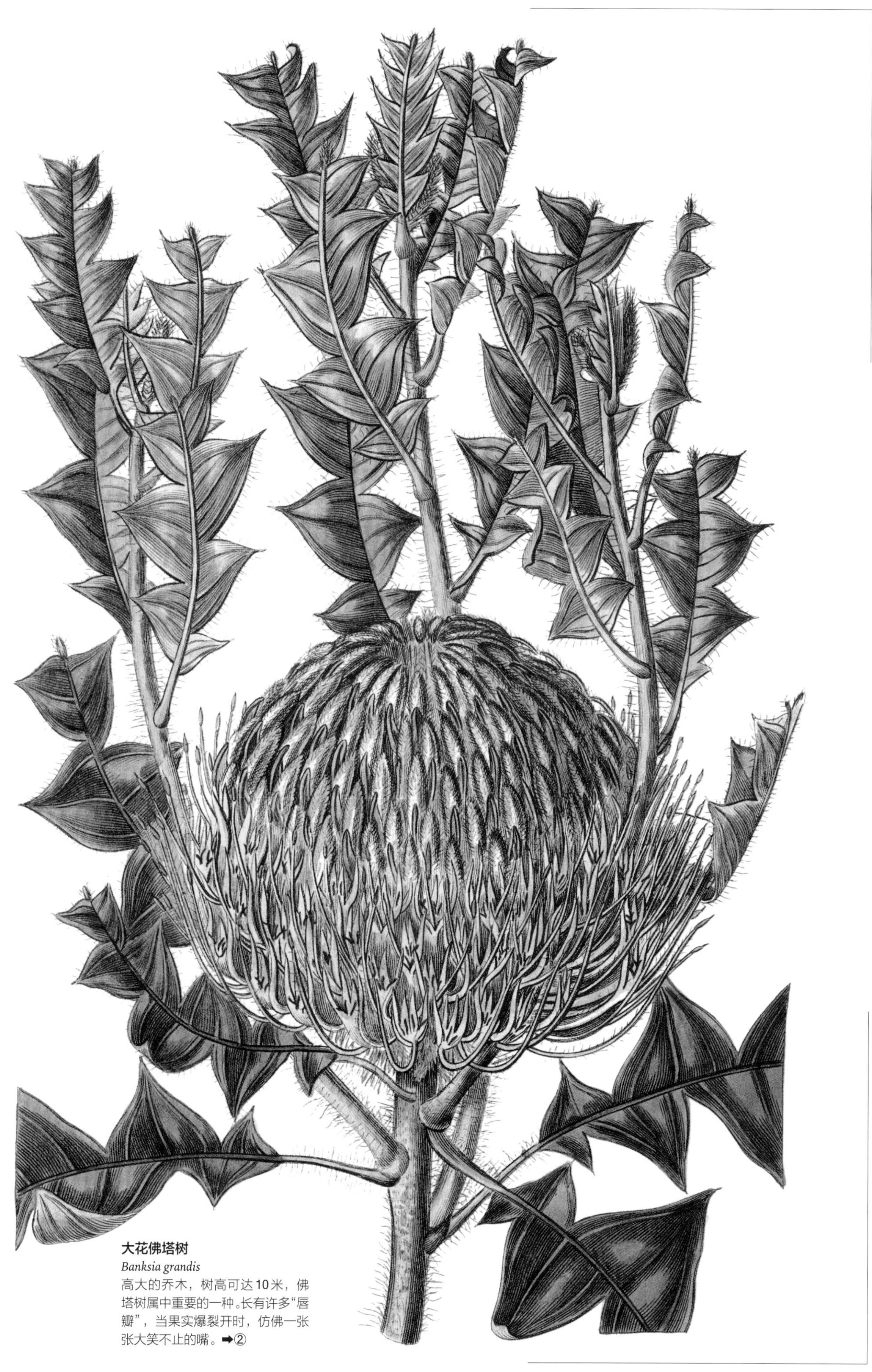

**大花佛塔树**

*Banksia grandis*

高大的乔木，树高可达10米，佛塔树属中重要的一种。长有许多“唇瓣”，当果实爆裂开时，仿佛一张张大笑不止的嘴。➡②

# 马兜铃属

【原产地】南美洲、欧洲、亚洲东部。

【学　名】*Aristolochia*：属名源于希腊语，本意为“顺利出生”。一种说法是，因卷曲的花朵与子宫或胎儿形似而得名；另　种说法是，因其可用作安胎药而得名。

【日文名】オオパイプカズラ：意为“大烟斗蔓”。因其为藤本植物且花形似烟斗而得名。

【英文名】pelican flower：意为“鹈鹕花”，因奇异的花朵形似鹈鹕而得名。

【中文名】马兜铃。

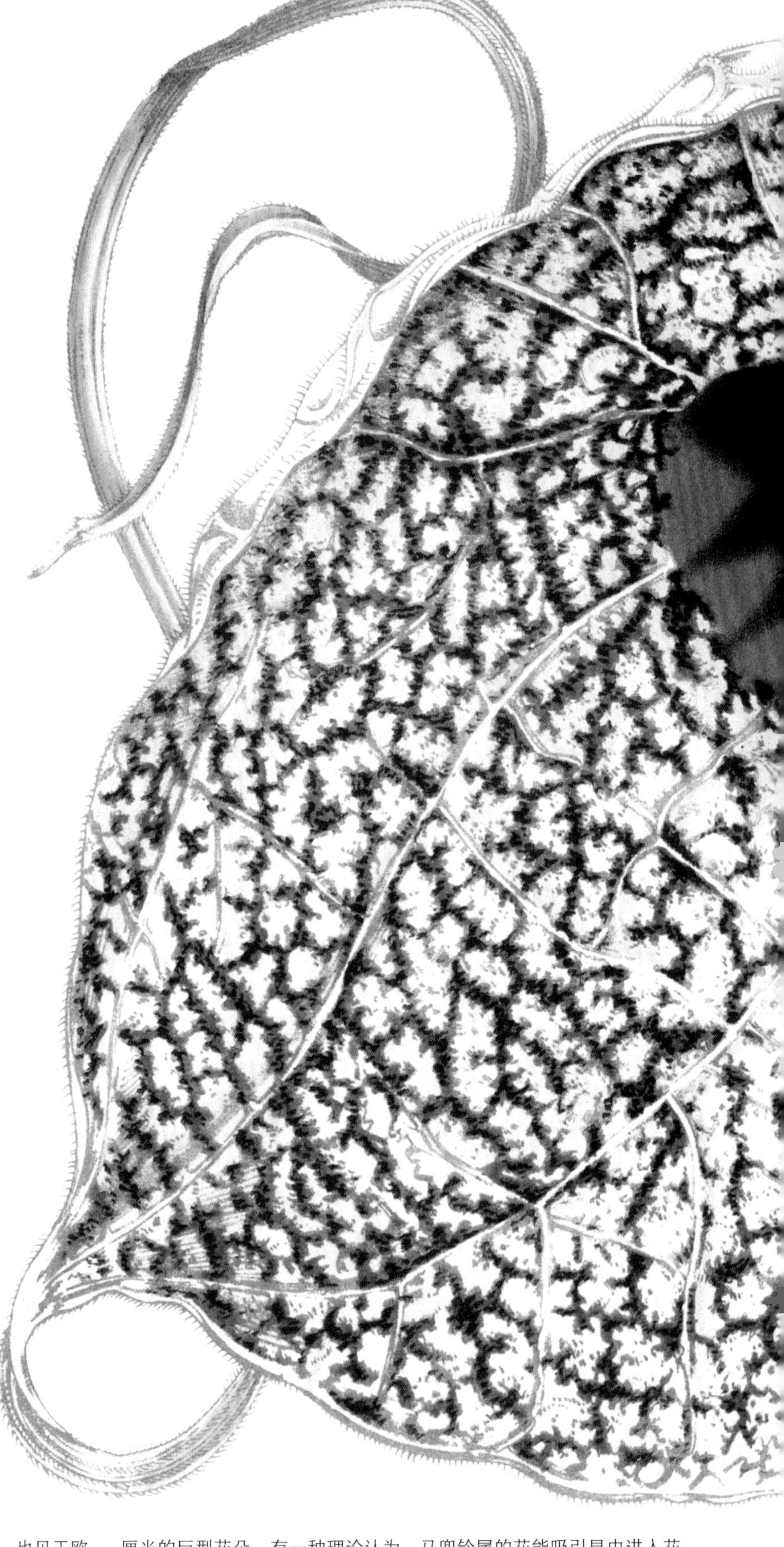

马兜铃属，木质藤本植物，主要分布在美洲热带地区，也见于欧洲和亚洲东部，与日本细辛（*Asarum nipponicum*）存在亲缘关系。

马兜铃属的花形奇特，像烟斗或鹈鹕的喉囊。花瓣已经退化，看上去十分美丽的“花瓣”其实是变形的花萼。在本属中，日本本土的物种花朵直径只有几厘米，而危地马拉的大花马兜铃能开出直径35厘米的巨型花朵。有一种理论认为，马兜铃属的花能吸引昆虫进入花被管的深处。花被管上有倒毛，昆虫进入后无法出来，只能在花被管里来回飞舞，从而将花粉粘在身上。最后，花朵散落，昆虫再从中飞出。昆虫重复这个过程，授粉便完成了。

“pelican flower”这个英文名很可能以中世纪传说为背景。传说有一种“雁树”，它的枝头会长出一只只大雁，像果实一样挂在树上。

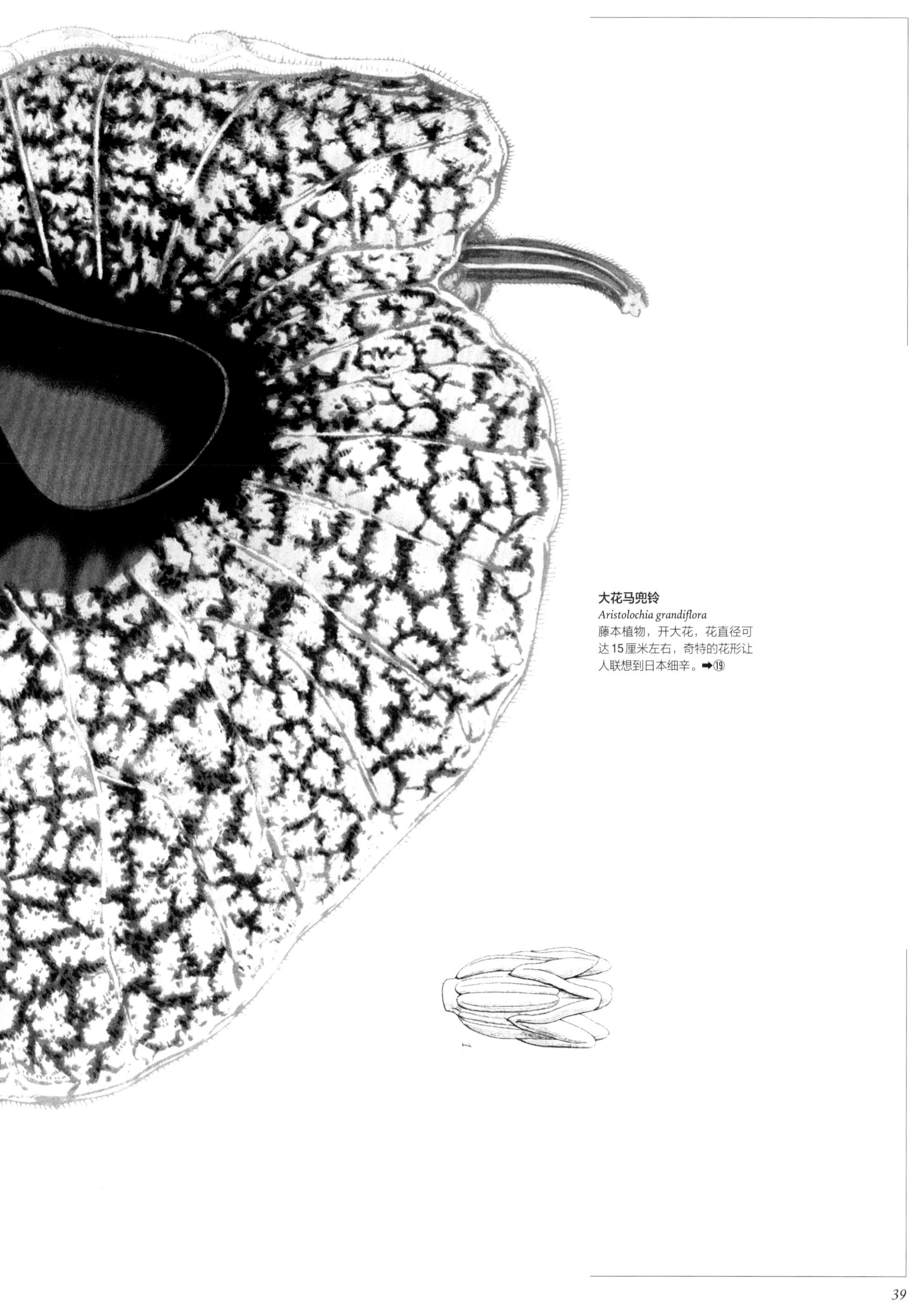

**大花马兜铃**
*Aristolochia grandiflora*
藤本植物，开大花，花直径可达15厘米左右，奇特的花形让人联想到日本细辛。➡⑲

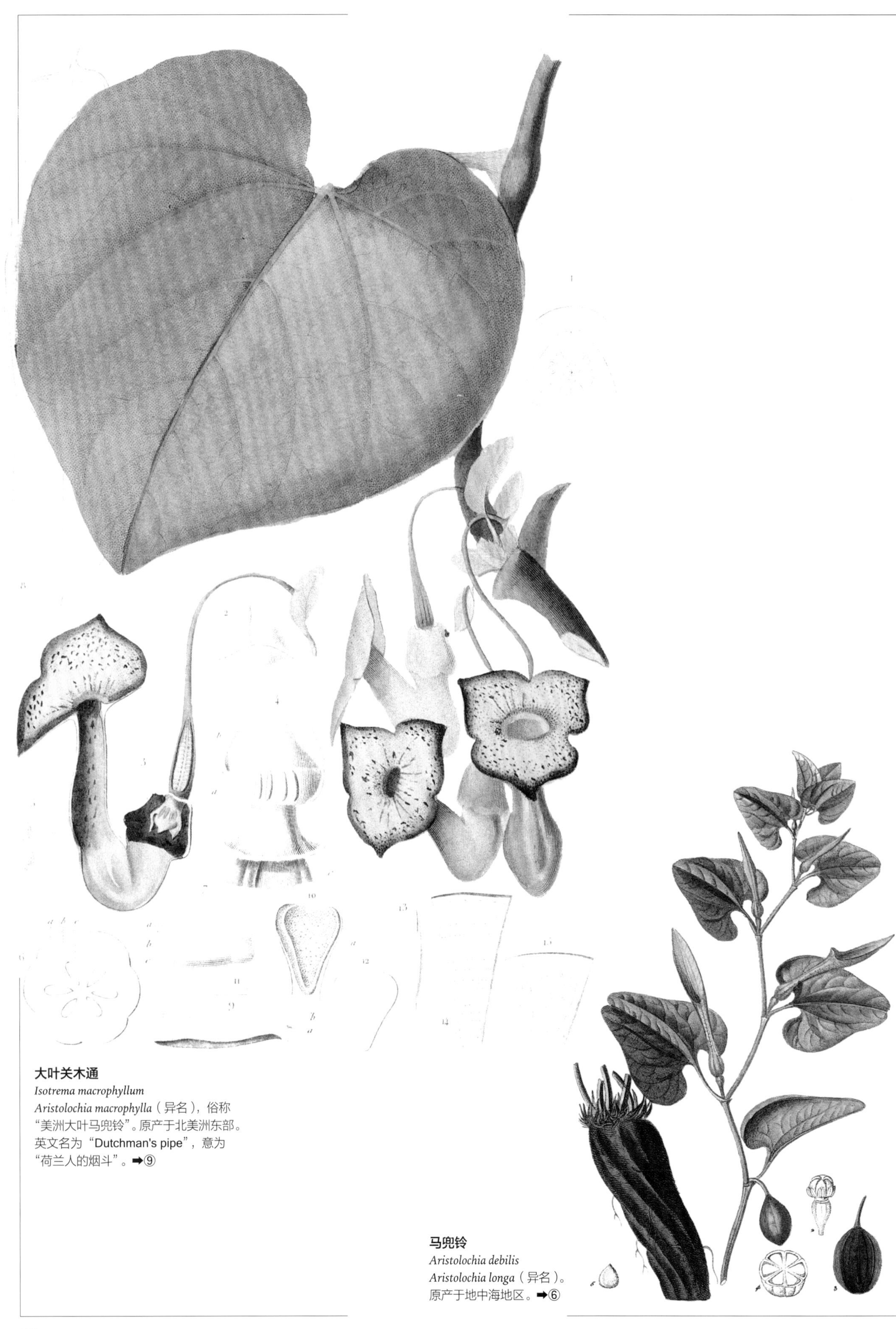

**大叶关木通**
*Isotrema macrophyllum*
*Aristolochia macrophylla*（异名），俗称“美洲大叶马兜铃”。原产于北美洲东部。英文名为“Dutchman's pipe”，意为“荷兰人的烟斗”。➡⑨

**马兜铃**
*Aristolochia debilis*
*Aristolochia longa*（异名）。原产于地中海地区。➡⑥

# 臭菘属

**【原产地】**亚洲东部、北美洲。

**【学　名】***Symplocarpus*：属名源于希腊语，意为“聚合的果实”。因子房融合成一室而得名。

**【日文名】**ざぜんそう（座禅草）：其花序的形态仿佛僧人正在坐禅一般，因此得名。

**【英文名】**skunk cabbage：意为“臭鼬甘蓝”。此为北美种的英文名，因散发出强烈恶臭而得名，曾被印第安原住民当作食物。

**【中文名】**臭菘。

**臭菘**
*Symplocarpus foetidus*
水芭蕉（*Lysichiton camtschatcensis*）的亲缘种，形态奇异，散发出的恶臭如臭鼬的臭气。可想而知，它并不受人们的欢迎。➡④

臭菘属，天南星科多年生草本植物，分布广泛，亚洲东部和北美洲均有分布，生长在山谷的背阴处，常群生，也有单独生长；会长出肉穗花序，花序被天南星科特有的佛焰苞包裹。本属的佛焰苞颜色奇特，呈深紫褐色，因此并不像水芭蕉（佛焰苞为白色）那样受到人们喜爱。

臭菘属的特性也非同寻常，它能像动物一样，通过消耗ATP（三磷酸腺苷）来发热，并利用热量吸引昆虫。原产于北美洲的物种会散发令人难以忍受的恶臭，因此得名“skunk cabbage”，即“臭鼬甘蓝”。原产于日本的物种臭味较轻，嫩芽和根茎常用作猪饲料。

# 海芋属

**【原产地】**印度东部、东南亚、中国、日本。

**【学　名】***Alocasia*：属名源于希腊语，是“有别于*Colocasia*”的略称，其中“*Colocasia*”指芋属。

**【日文名】**くわずいも（食わず芋）：意为“不可食用的芋头”。

**【英文名】**chinese taro：意为“中国芋头”。giant taro意为“巨大芋头”。elephant taro：意为“大象芋头”。

**【中文名】**海芋。

**海芋**
*Alocasia odora*
茎长约2米。种加词本意为“芳香的”，一般不作为观赏植物种植。➡㉒

海芋属，天南星科多年生草本植物，因其拟态被列入珍奇植物。正如其日文名所表达的，本属大多味道苦涩、不可食用。不过，原产于印度的一种的茎秆可食用，在南太平洋有种植。此外，本属中还有许多其他叶片大而美丽的物种，它们往往作为温室观赏植物被栽培，园艺名也是“海芋”。

海芋属大多分布在印度至东南亚地区。耐寒性极强的物种自然生长于日本四国岛南部至九州岛和冲绳岛，每到初夏就会长出天南星科特有的长达15厘米的佛焰苞和肉穗花序。据说，狂风大作时，冲绳人会将本属的大叶片当作雨伞使用。

# 天南星属

【原产地】亚洲东部、非洲东部、北美洲。

【学　名】*Arisaema*：属名由疆南星属（*Arum*）的希腊名“Aron”加上表示“亲缘”的后缀组合而成。另外，词尾的“saema”本意为“血”，还有一种说法是指叶片上的斑点。

【日文名】てんなんしょう（天南星）：源于中文名。

【英文名】indian turnip：意为“印度芜菁”。

【中文名】天南星。

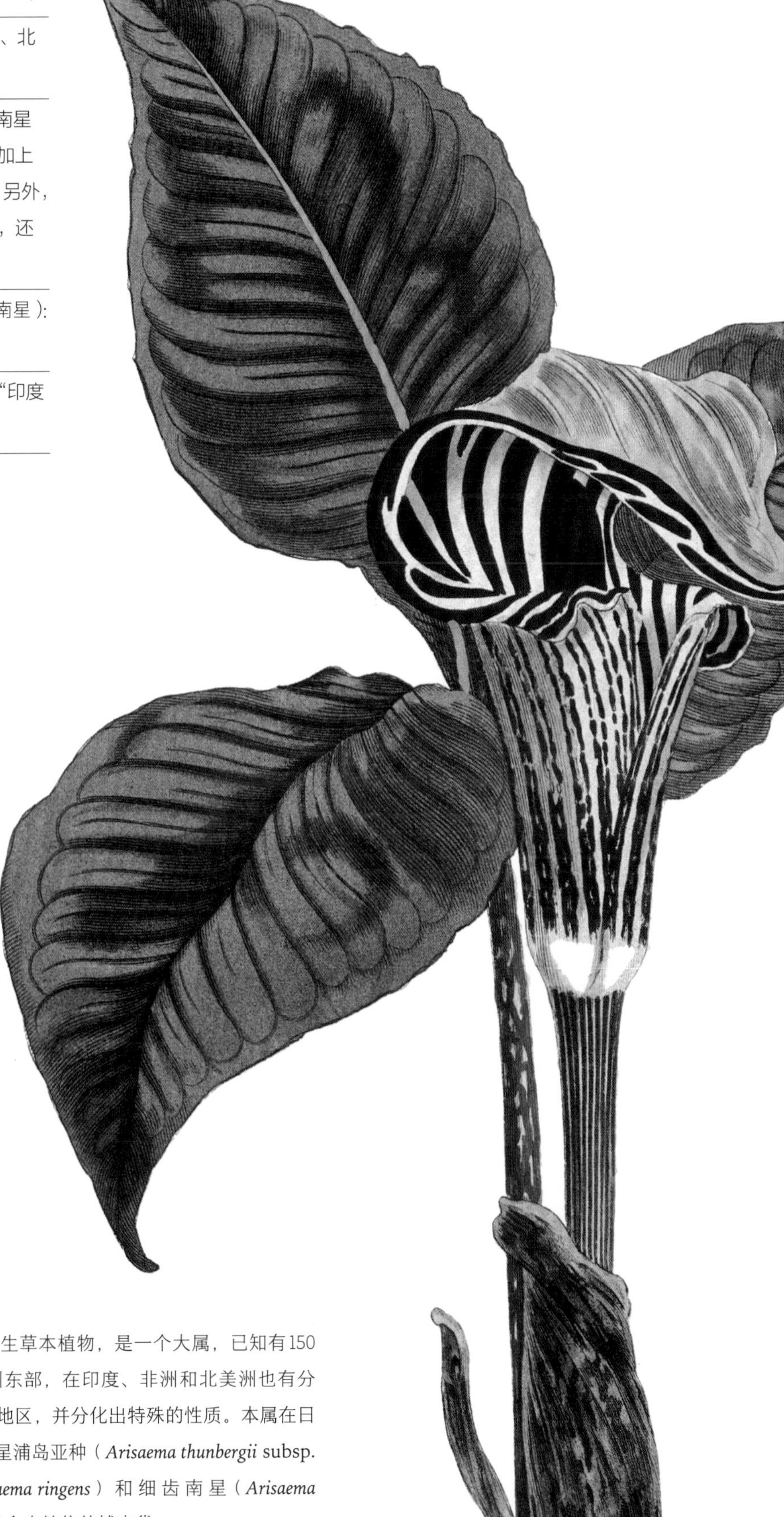

**三叶天南星**
*Arisaema triphyllum*
原产于北美，与普陀南星十分相似。➡④

天南星属，天南星科多年生草本植物，是一个大属，已知有150多种，主要分布在亚洲东部，在印度、非洲和北美洲也有分布；能够适应潮湿的温带森林地区，并分化出特殊的性质。本属在日本有许多奇特的物种，如天南星浦岛亚种（*Arisaema thunbergii* subsp. *urashima*）、普陀南星（*Arisaema ringens*）和细齿南星（*Arisaema serratum*）等，它们的花朵就像食虫植物的捕虫袋。

与香蕉一样，本属看似是茎的部分，其实是由重叠的叶柄组成的假茎。花序轴从假茎内抽出，顶端是被佛焰苞包裹的肉穗花序。地下球茎中含有淀粉，但涩味极重，不可食用，主要用于消杀厕所里的蛆虫。中医将其用作止咳平喘药。

# 魔芋属

【原产地】非洲热带地区、亚洲热带地区、澳大利亚北部。

【学　名】*Amorphophallus*：属名源于希腊语，意为“畸形的阴茎”，或指其具有奇异形态的花序。

【日文名】すまとらおおこんにゃく（スマトラ大蒟蒻）：意为“原产于苏门答腊的巨大蒟蒻”。

【英文名】amorphophallus：源于属名。

【中文名】魔芋。

**疣柄魔芋**
*Amorphophallus paeoniifolius*
*Amorphophallus campanulatus*（异名）。块茎可采集淀粉，广泛野生于非洲至太平洋群岛。
➡⑬

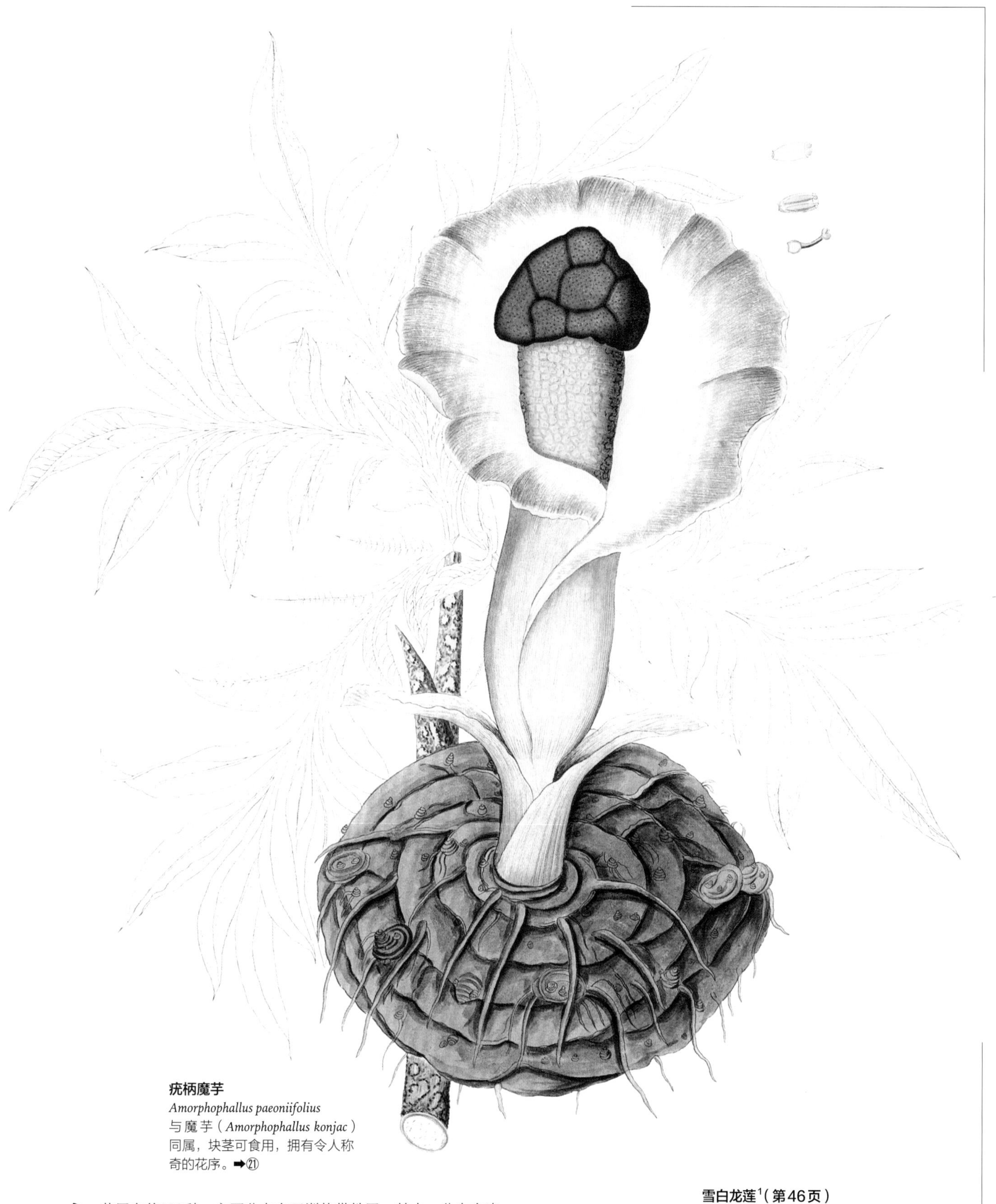

**疣柄魔芋**
*Amorphophallus paeoniifolius*
与魔芋（*Amorphophallus konjac*）同属，块茎可食用，拥有令人称奇的花序。➡㉑

魔芋属有约100种，主要分布在亚洲热带地区。其中，分布在南太平洋的疣柄魔芋有着奇特的圆盘状块茎，直径20～25厘米不等，可作为淀粉的来源，并在非洲至东南亚岛屿广泛种植。

原产于苏门答腊的巨魔芋（*Amorphophallus titanum*）是魔芋属中的大型种，叶柄高3米，叶片直径超过4米，拥有世界上最大的被佛焰苞包裹的花序。1896年，这种植物在伦敦郊外的邱园首次开花，在当时引起了不小的轰动。

**雪白龙莲[1]（第46页）**
*Dracontium nivosum*
*Amorphophallus nivosus*（异名）。
在这幅充满异国风情的插图中，魔芋如王者般立于画中央。插图很好地展示了当地的生态环境。➡⑱

1 该物种尚未有确定中文名，此为依据种加词的暂拟名。——编者

# 斑点疆南星

【原产地】欧洲。

【学　名】*Arum maculatum*：属名“*Arum*”源于古埃及语。泰奥弗拉斯托斯曾在其著作中使用该名字。种加词“*maculatum*”意为“有斑点的”。

【日文名】あるむまくらーとぅむ（arumumakurātōmu）：学名的日文音译。

【英文名】indian turnip：意为“印度芜菁”，因独特的块根与芜菁相似而得名。

【中文名】斑点疆南星。

**斑点疆南星**
*Arum maculatum*
欧洲最知名的天南星科植物。红色的球状果实十分美丽。➡㉒

过去，天南星科的芋、海芋、天南星和犁头尖（*Typhonium blumei*）等许多植物都被归入龙木芋属（*Dracunculus*），被统称为“Dragon arum”（龙芋）。天南星科有着形态奇特的佛焰苞和肉穗花序，因此多作为观赏植物被种植。

斑点疆南星原产于欧洲，它有很多名字，来源也不同。英文名有“Adam and Eve”（亚当与夏娃）、“cuckoo-pint”（杜鹃的枢轴，“pint”应该来自“pintle”）和“Lords-and-Ladies”（先生与女士）等，法文名“Pied-de-veau”意为“牛脚”，德文名“Aronstab”意为“亚伦之杖”。德文名来源于一则传说，在传说中，这种植物是从一根魔杖中长出来的。据说在欧洲，这种植物被认为象征着季节的恩惠。人们曾经根据其肉穗花序的大小来预测当年的收成情况，还认为它是治疗脑溢血的良药。

**白星芋（可能）**
*Helicodiceros muscivorus*
*Dracunculus crinitus*（异名）。这种花形奇特的植物曾被归入龙木芋属。➡⑲

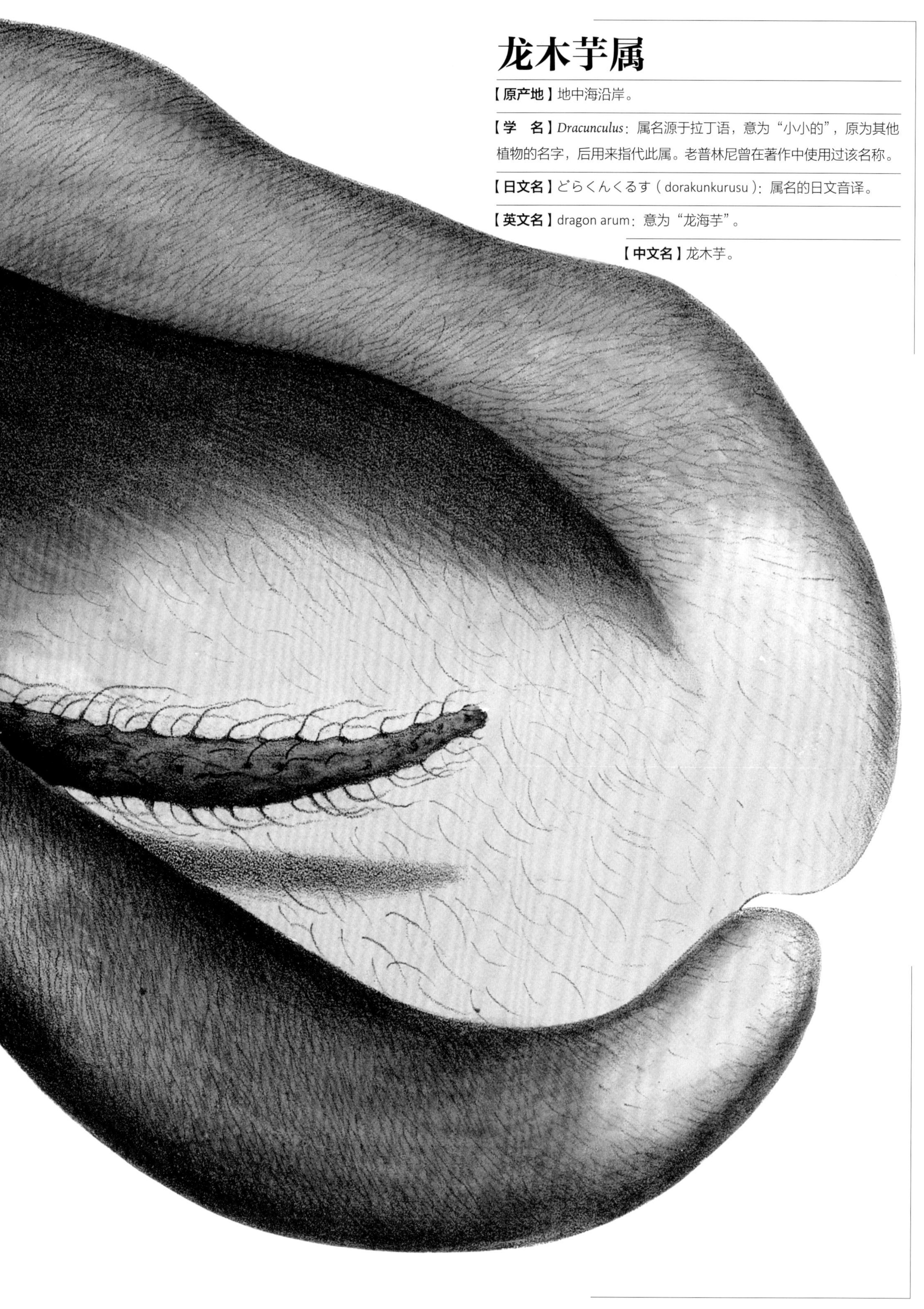

# 龙木芋属

【原产地】地中海沿岸。

【学　名】*Dracunculus*：属名源于拉丁语，意为“小小的”，原为其他植物的名字，后用来指代此属。老普林尼曾在著作中使用过该名称。

【日文名】どらくんくるす（dorakunkurusu）：属名的日文音译。

【英文名】dragon arum：意为“龙海芋”。

【中文名】龙木芋。

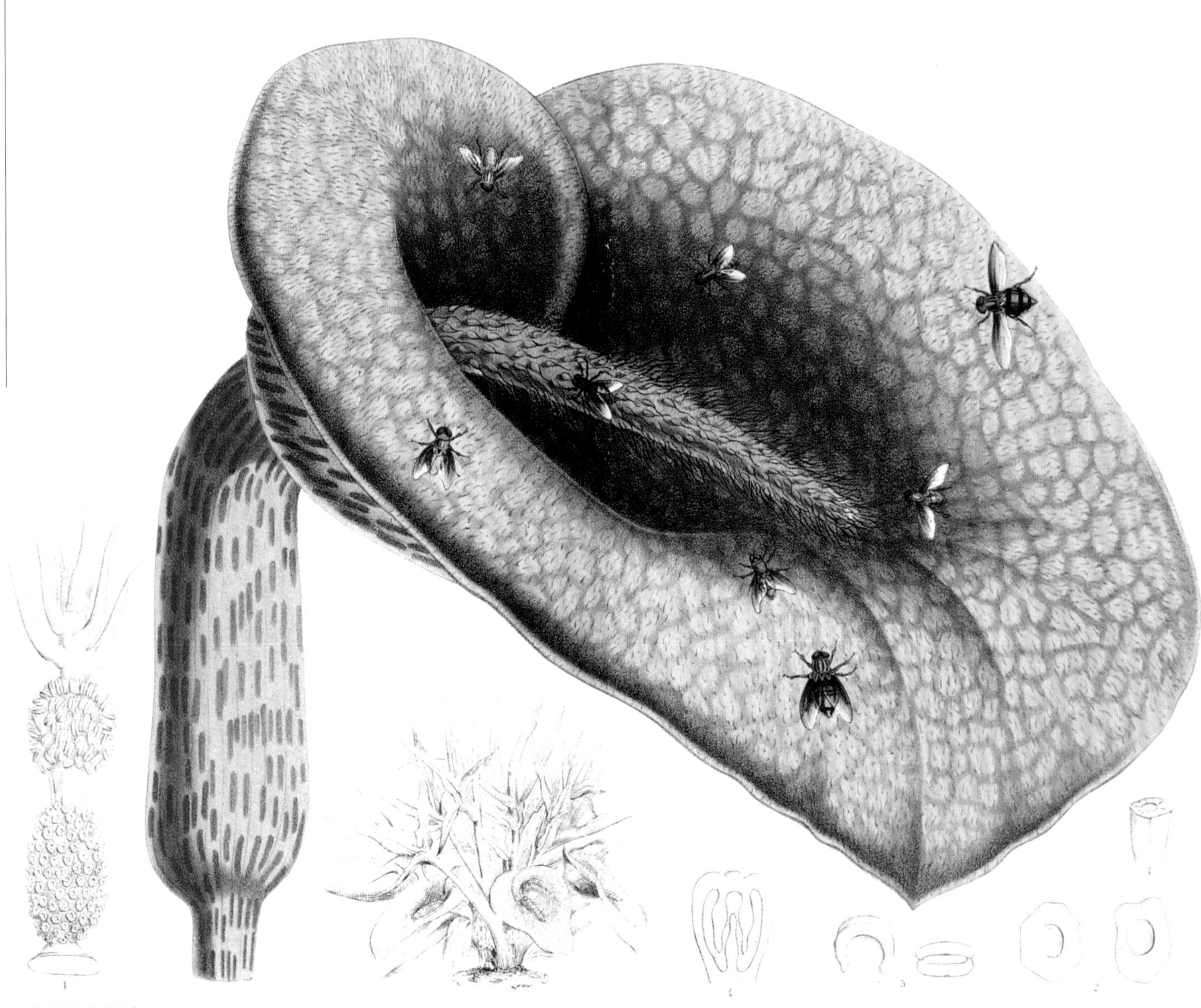

**白星芋（可能）**
*Helicodiceros muscivorus*
这幅插图出自19世纪比利时自然史画师纪尧姆·塞弗林（Guillaume Severin）之手，十分珍贵。画中佛焰苞上还飞着苍蝇。➡⑲

龙木芋属，天南星科多年生草本植物，主要分布于地中海沿岸地区。天南星科的花序形态奇特，被名为“佛焰苞”的总苞片包裹着，18世纪末，它们那“妖艳”的外形引发人们的无限遐想。

罗伯特·约翰·桑顿在《花之神殿》中将无毒的本属植物描绘得颇具攻击性——在他绘制的插画中，这种地中海沿岸人们司空见惯的植物被放在一座正在喷发的火山前——这无疑营造了一种诡异的氛围。

在实用性上，其球茎经熏烤后产生的烟可杀死羊身上的体外寄生虫。

**龙芋**

*Dracunculus vulgaris*

原产于地中海沿岸地区，高度可达1米。➡㉒

# 芭蕉属

【原产地】印度、东南亚、太平洋。

【学　名】*Musa*：属名源于罗马开国皇帝奥古斯都的御医安东尼·穆萨（Antonius Musa）的名字。

【日文名】ばなな（banana）：源于其英文名。

【英文名】banana：源于刚果的一个地名。plantain：一种用于烹饪的大蕉，源于加勒比的地名。

【中文名】芭蕉。

**小果野蕉**
*Musa acuminata*
*Musa sinensis*（异名）。异名的种加词意为“中国产的”。花十分美丽。➡⑰

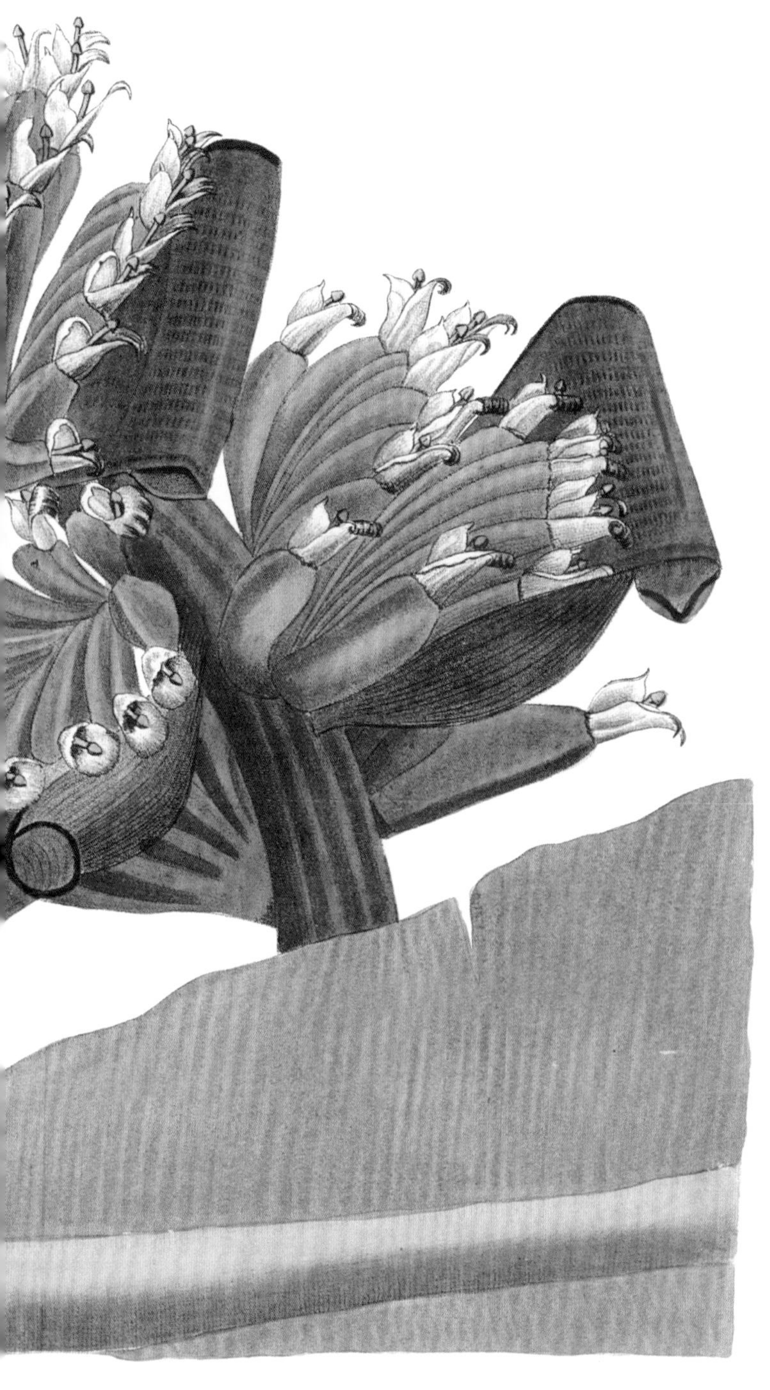

我们平日里生食和烹煮的香蕉就属于芭蕉属。其自然生长于日本的物种耐寒，叶片大，长近2米。《西游记》中有一件法力无边、可以扑灭熊熊大火的法宝“芭蕉扇”，其原形就是本属的叶片。

芭蕉属能开出美丽的花，但在日本等温带地区少有能结出像香蕉一样果实的物种。除食用外，芭蕉属还有其他用处。例如，蕉麻（*Musa textilis*）原产于东南亚，假茎中富含纤维，可用于制作船舶上使用的绳索。

除此之外，在冲绳岛，人们会用野蕉织成芭蕉布。其质地与麻相似，轻盈而亲肤，对饱受高湿热之苦的冲绳人来说简直是天赐之物。在曾经的琉球王国，无论是王侯贵族，还是武士和平民，芭蕉布都是他们日常着装中不可或缺的一部分。时至今日，冲绳本岛和八重山群岛的妇女仍会手工编织芭蕉布。

**野蕉**

*Musa balbisiana*

*Musa rosacea*（异名）。异名的种加词意为“如蔷薇的”。花朵虽然不太像蔷薇，但有像蔷薇一样华丽的外形。➡⑬

# 旅人蕉属

【原产地】马达加斯加。

【学　名】*Ravenala*：属名源于马达加斯加当地的地名。[1]

【日文名】たびびとのき（旅人の木）：叶鞘中含水，旅行者可以用它来解渴，因此得名。おうぎばしょう（扇芭蕉）：叶片形似大折扇，又与芭蕉相似，因此得名。

【英文名】traveller's tree：与日文名“旅人の木”同源。

【中文名】旅人蕉：与日文名同源。

1　还有一种说法认为属名源于马达加斯加语“ravinala”或“ravina”，意为“森林的树叶”。——编者

**旅人蕉**
*Ravenala madagascariensis*
形态优美，是宫廷和寺院中的常见植物。据说，东南亚人口中的圣树“Parm”其实不是糖棕（*Borassus flabellifer*），而是本种。➡⑱

旅人蕉属，常绿中等乔木状单子叶植物，与香蕉同属芭蕉科。在马达加斯加仅分布有1种。

茎顶有两排长约2.5米的叶片，与香蕉的叶片相似，叶柄很长，整体看上去如一把展开的美丽折扇。

叶柄基部含水量丰富，旅行者只需在这个位置上划开一道口子，便可饮用其中的水来解渴，“旅人蕉”的名称便是来源于此。还有一种说法是，其扇形叶片总是朝着某个方向，迷路的旅行者能靠它来辨别方向。与以香蕉为代表的芭蕉属不同，旅人蕉属没有假茎，而是有直立的木质茎，长度可达20米。

旅人蕉属与露兜树属（*Pandanus* spp.）一样，具有浓浓的热带风情，是植物园温室中不可或缺的植物。

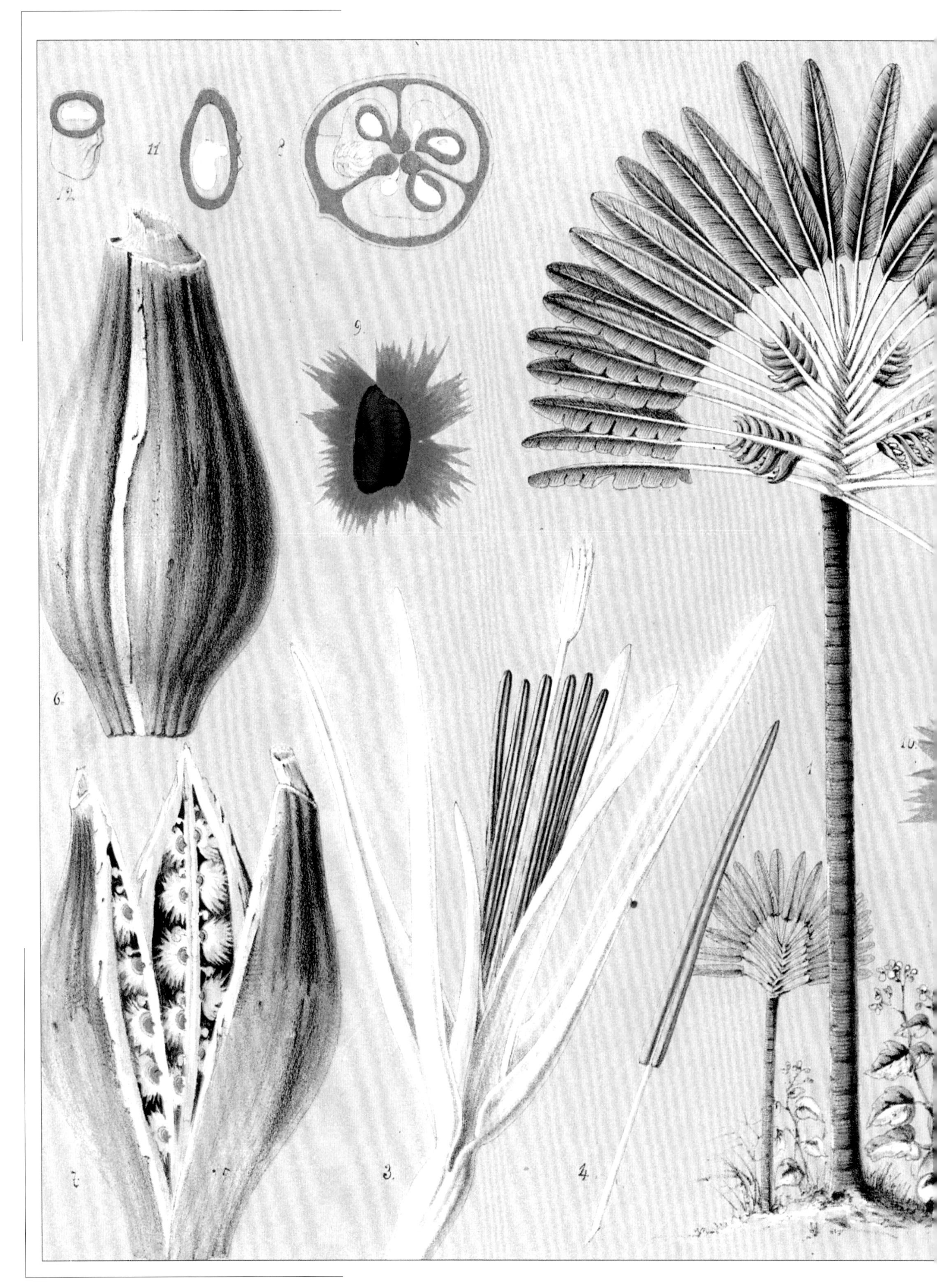
12.
11.
2.
9.
6.
3.
4.
1.
10.

**旅人蕉**

*Ravenala madagascariensis*

又名“扇芭蕉”。如其名，长圆形叶片向左、右两个方向伸展，整体呈扇状。在查尔斯·安托万·勒梅尔（Charles Antoine Lemaire）于19世纪出版的《园艺图谱志》中，就有对本种整体外形进行细致刻画的彩色石版画。➡⑱

# 西谷椰属

【原产地】马来西亚、美拉尼西亚。

【学　名】*Metroxylon*：属名源于希腊语，原意为“有子宫的木材”，也许指从其树干中能提取出淀粉。

【日文名】さごやし（sagoyashi）：源于英文名。

【英文名】sago palm：“sago（或 sagu）”在马来语中意为“从西谷椰中提取的淀粉”。

【中文名】西谷椰：“西谷”为“sago”的音译。

**西谷椰**
*Metroxylon sagu*
茎干含大量淀粉。➡⑥

西谷椰属从马来西亚至美拉尼西亚均有分布，一些地方还会把它当作经济植物进行栽培。

许多植物的果实和根部（如谷物和芋头）中都含有淀粉，但西谷椰属富含淀粉的结构是茎干。将其茎干快速砍断并进行加工后就可以获得淀粉，并用来制作主食，这听起来就像童话故事中才有的植物。西谷椰属单棵的淀粉产量为150多千克，甚至有的单棵产量高达500千克。一直以来，本属都被当地人当作食物来源。早在13世纪，马可·波罗的著作中就有相关的记录。当地人会将从其中提取出的淀粉简单地搓成小球，称为“西谷珍珠”，可与蜂蜜一起食用，或用来煮汤。

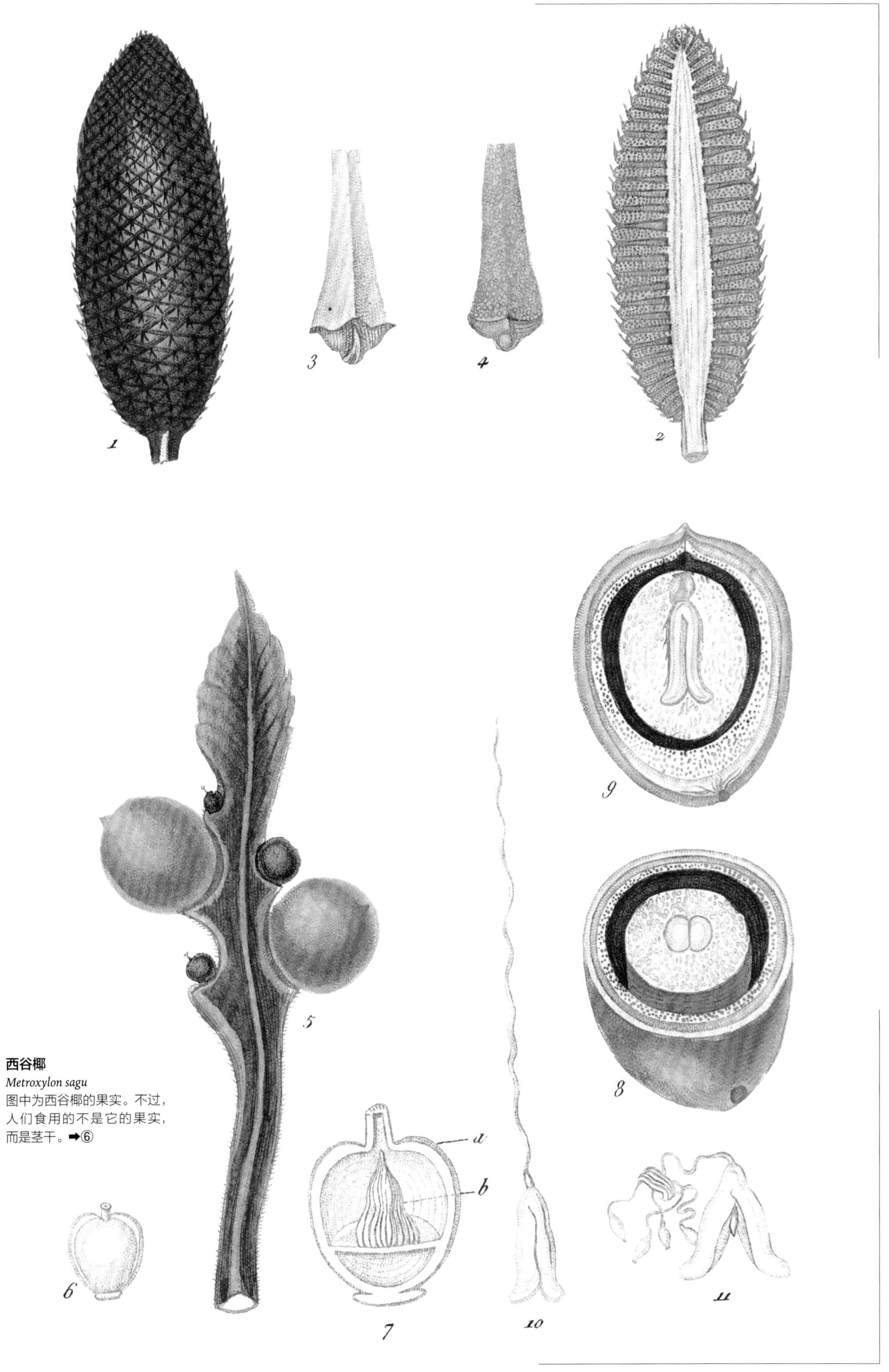


**西谷椰**

*Metroxylon sagu*

图中为西谷椰的果实。不过，人们食用的不是它的果实，而是茎干。➡⑥

**海枣属一个未知种**
*Phoenix* sp.
根据叶片形态，判断其为一种海枣属植物，可能是海枣（*Phoenix dactylifera*）的亲缘种。➡⑤

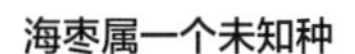

# 海枣属

**【原产地】**加那利群岛。

**【学　名】***Phoenix*：属名源于希腊文，意为“腓尼基人”或“不死鸟”，暂无定论。泰奥弗拉斯托斯曾使用过该名。

**【日文名】**ふぇにっくす（fenikkusu）：属名的日文音译。かなりーやし（カナリー椰子）：意为“加那利群岛的椰树”。

**【英文名】**canary date palm：意为“加那利群岛的海枣棕榈树”。

**【中文名】**海枣。

海枣属，棕榈科植物，在中东干旱地区广泛种植，并被当地人作为主食来源；树干又矮又粗，直径约50 厘米；叶片为绿色，密生，呈羽状；有耐风、耐潮、耐热、耐寒的特点，可以生长在相对寒冷的地区，在日本，因作为宫崎县日南海岸的行道树而闻名。

在日本种植范围更广泛的其实是棕榈科棕榈属植物，即便是在东京也十分常见。但海枣属更具有热带风情，非常符合位于日本南部的宫崎县的形象。

# 龙脑香属

【原产地】东南亚、印度、斯里兰卡、中国西南部。

【学　名】*Dipterocarpus*：属名意为“拥有双翼的果实”。

【日文名】ふたばがき（双葉柿）：或因果实上生有两枚“长翼”而得名，也有可能是属名的意译。

【英文名】dipterocarp：由属名演变而来。

【中文名】龙脑香。

.2.

Fig.4.

龙脑香属，东南亚热带雨林中的代表性乔木，与娑罗双属（*Shorea* spp.）和柳安属（*Parashorea* spp.）同属龙脑香科，约69种，半数以上自然生长于马来西亚和印度尼西亚的热带雨林。

果实有两枚“长翼”，形态奇特，这是其他植物所没有的特点。这对“长翼”并非用来飞行，而是帮助种子穿过层层树枝安全到达地面的。即使是在繁茂的热带雨林中，本属也算得上是非常高大的树，从空中经常可以看到其花椰菜般的树冠。

树干直径为1～2米，树高可达50～60米。龙脑香木比柳安木更坚硬和结实，可作为工厂的地板或机械的底座材料。

严格来说，龙脑香属原产于非洲，但在大约4000万年前，随着冈瓦纳古陆（大陆漂移说中假想的南半球超级大陆，包括今南美洲、非洲、澳大利亚、南极洲及阿拉伯半岛）的分解和迁移被带入亚洲。

**王莲**

*Victoria amazonica*

*Victoria regia*（异名）。被冠以“日不落帝国”维多利亚女王之名的花。➡⑲

# 王莲属

【原产地】南美洲。

【学　名】*Victoria*：属名源自19世纪英国维多利亚女王的名字。

【日文名】おおおにばす（大鬼蓮）：意为“大的芡属”。其中的“おにばす（鬼蓮）”指的就是芡属（*Euryale*）。

【英文名】royal water-lily：意为“王莲”，因属名源自英国女王的名字而得名。

【中文名】王莲：与英文名同源。

王莲属，已知世界上最大的浮叶草本植物，原产于亚马孙河流域。印第安妇女在采集莲子时会把年幼的孩子放在其叶片上。叶片边缘约10厘米部分直立着，可以起到扶手的作用，防止孩子跌入水中。叶片直径2 ~ 3米，叶片下面、叶柄和花梗上生有许多刺。

王莲属是多年生水生植物，但在温带地区，人们对它进行了温室化栽培，因此在温带地区的植物园中，这种植物多是一年生植物。

19世纪初，王莲属在南美洲被发现，顷刻间便声名大噪，成为许多欧洲国家的植物园竞相培育的植物。培育成功后，一个小女孩竟然能够安稳地坐在其叶片上，令公众惊叹不已。

园丁、建筑设计师约瑟夫·帕克斯顿（Joseph Paxton）就借鉴了王莲叶片下面精巧的叶脉结构，设计出了1851年伦敦世界博览会上著名的“水晶宫”。

**王莲**

*Victoria amazonica*

有些叶片直径超过2米，但花小，直径至多只有30厘米。上图为王莲开花的第一阶段，下图为最终阶段。➡⑲

**王莲**

*Victoria amazonica*

根茎位于水下1~2米深的地方，从根茎上长出约10~30片叶，叶片并不像上图中这样稀疏地分布，而是簇拥在一起，甚至叶片相互重叠。➡⑲

**王莲**

*Victoria amazonica*

在东南亚，常见于水道和池塘中。➡⑲

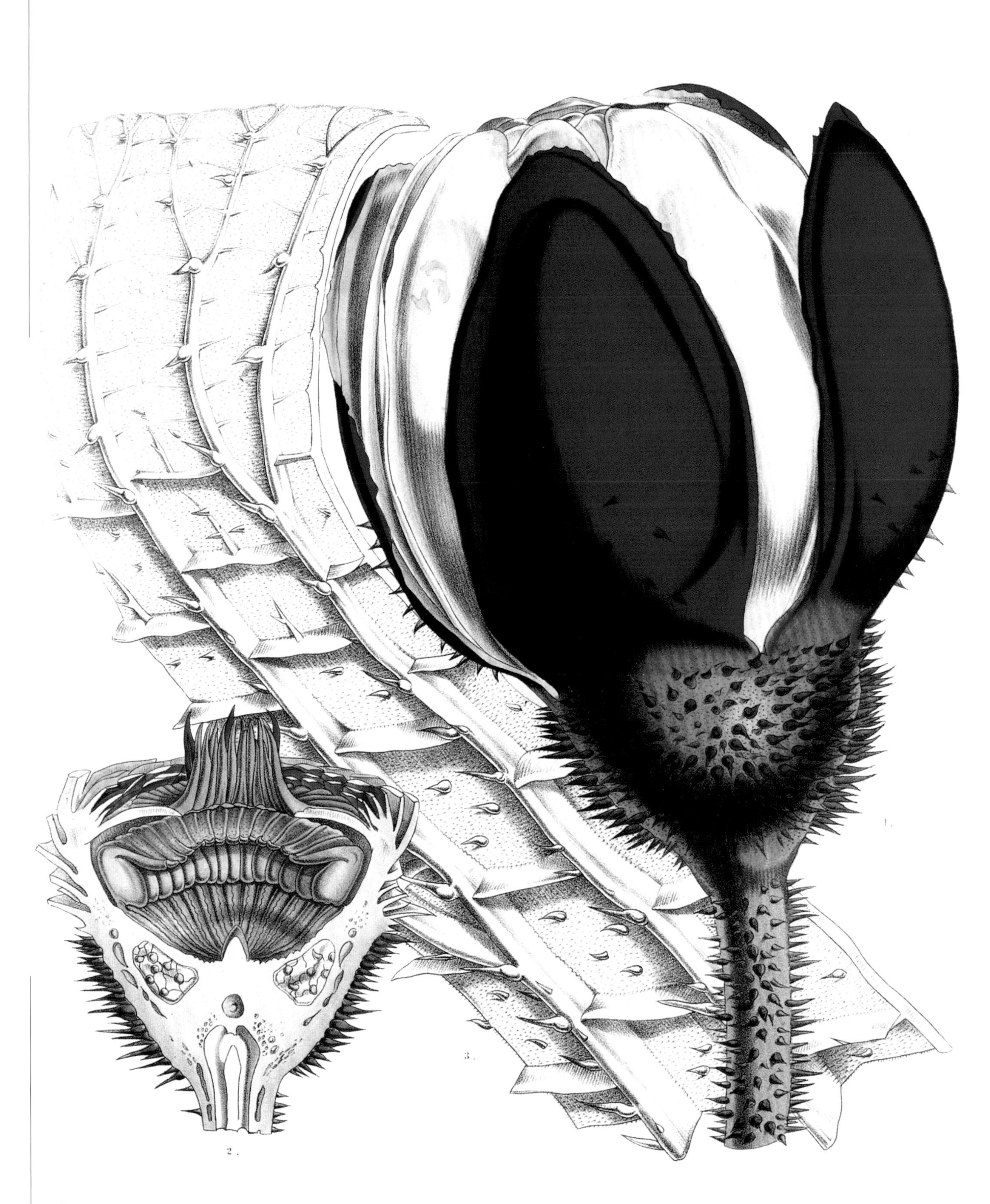

**王莲**

*Victoria amazonica*

与日本本土的芡属一样，其萼片、果实和叶片下面密布着刺，刺具有驱赶鱼群的作用。➡⑲

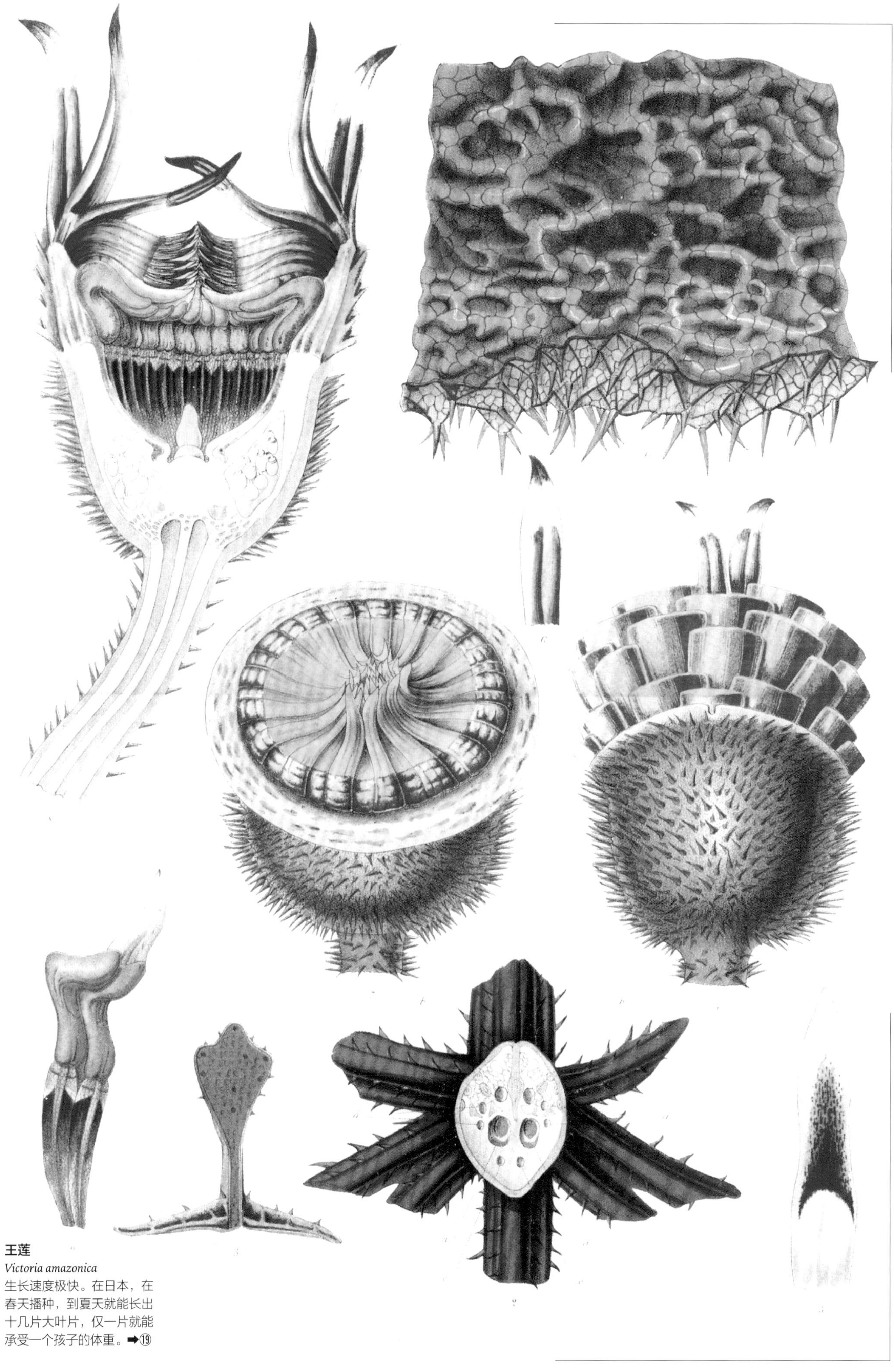

**王莲**

*Victoria amazonica*

生长速度极快。在日本，在春天播种，到夏天就能长出十几片大叶片，仅一片就能承受一个孩子的体重。➡⑲

# 猴面包树属

【原产地】非洲、澳大利亚。

【学　名】*Adansonia*：属名源于18世纪法国植物学家米歇尔·阿当松（Michel Adanson）的名字。

【日文名】ばおばぶ（baobabu）：英文名的日文音译。

【英文名】baobab：源于原产地地名。

【中文名】猴面包树属。

**猴面包树**
*Adansonia digitata*
左边的是本种的花。不过，实际上应该像对页插图中的那样，花是下垂的。➡③

猴面包树属生长在非洲的疏林草原上，是世界上已知最粗的树，树干直径可达10多米，不过，树高最多只有20米。本属之所以出名，是因为它们出现在圣-埃克苏佩里的著名童话《小王子》中。

其寿命非常长，据说在非洲，本属有些树的树龄已超过5000年。树龄较高的树底部通常会形成巨大的树洞，曾被用作监狱和旅行者的休息场所。

其果实微酸，味道不错，是狒狒最喜欢的食物之一。将果实内部海绵状的部分浸入水中可制成酸味饮料。果实的外壳呈木质，可用作水壶。种子在不经过任何处理的情况下很难发芽，而在被动物食用并随粪便排出体外后则很容易发芽。

其新鲜的叶片可用于煲汤，或晒干作为蔬菜干。其木材也是疏林草原的居民们不可或缺的宝贵的生活资源。

**猴面包树**

*Adansonia digitata*

真实的猴面包树花更接近这幅插图中的花；不过，真实的叶片更接近对页插图中的。真实的果实更细长。➡⑥

# 铁兰属

**【原产地】**北美洲南部、南美洲亚热带及热带地区。

**【学　名】***Tillandsia*：属名源于瑞典植物学家埃里亚斯·蒂尔兰兹（Elias Tillandz）的名字。

**【日文名】**ティランジア（tiranjia）：属名的日文音译。

**【英文名】**tillandsia：由属名演变而来。

**【中文名】**铁兰。

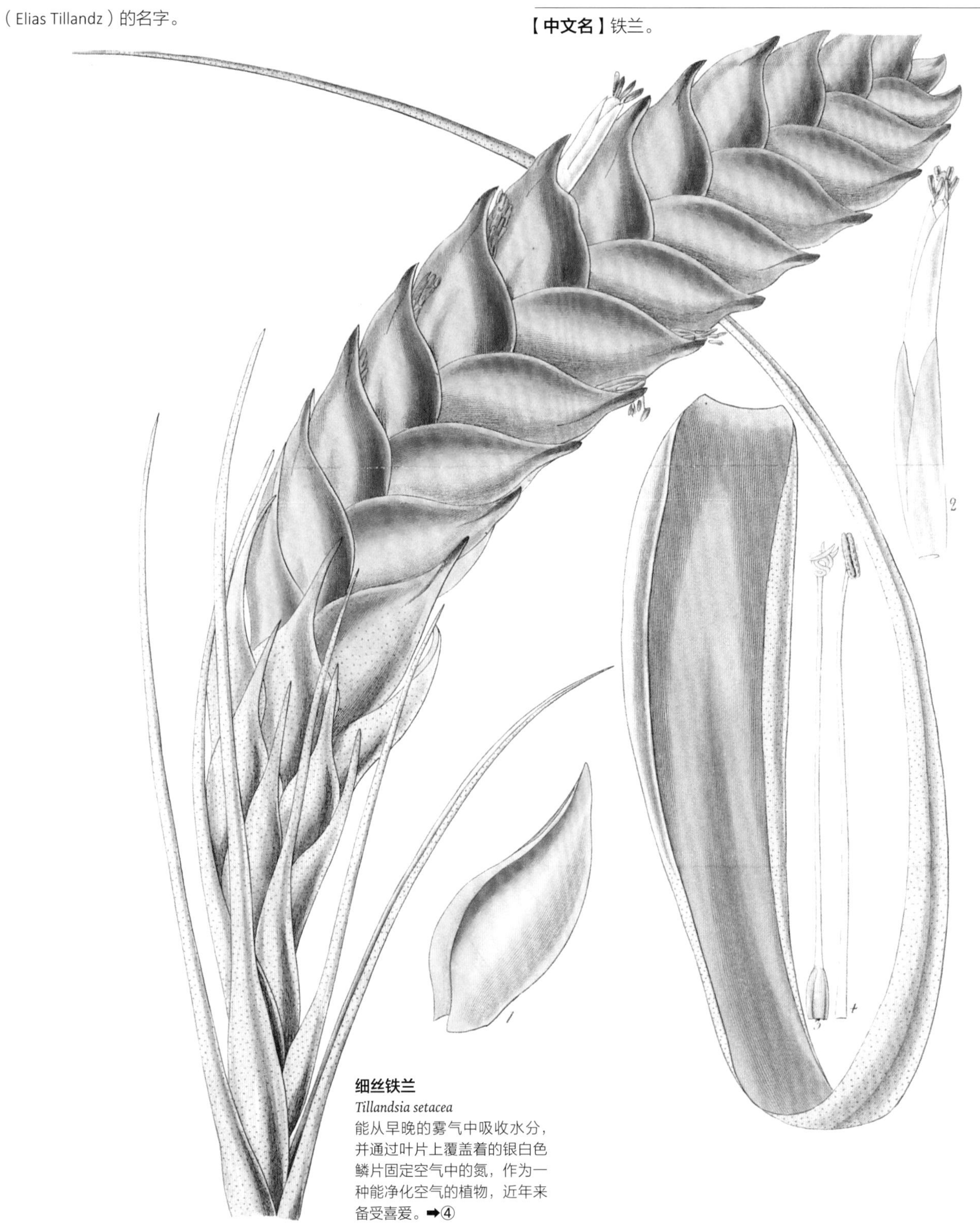


**细丝铁兰**

*Tillandsia setacea*

能从早晚的雾气中吸收水分，并通过叶片上覆盖着的银白色鳞片固定空气中的氮，作为一种能净化空气的植物，近年来备受喜爱。➡④

铁兰属，凤梨科植物，有600多种，分布于北美洲和南美洲，其中，大部分是气生植物，即可以从空气中吸收水分和营养的植物，通过覆盖于叶片表面的银白色鳞片吸收空气中的氮，根仅起固定植株的作用。

最有名的是植株下垂生长的老人须（也叫“松萝凤梨”，*Tillandsia usneoides*），其英文名“Spanish moss”意为“西班牙苔藓”，但它的确是一种铁兰属植物。老人须即使在室内也能自行生长，因此近年来作为一种珍奇的室内园艺植物在日本被广泛种植。晒干的老人须是优质的打包填充物，也可用于制作坐垫。

# 炮弹树属

**【原产地】**南美洲热带地区。

**【学　名】***Couroupita*：属名源于植物的原产地地名。

**【日文名】**ほうがんぼく（砲丸木）：英文名的意译。

**【英文名】**cannon-ball tree：意为“炮弹树”，因果实与老式炮弹十分相似而得名。

**【中文名】**炮弹树：或为英文名的意译。

**炮弹树**
*Couroupita guianensis*
果实不仅形态像炮弹，而且真的会“爆炸”。树高可达30米左右，不仅枝条上可以结果，粗壮的树干上也能直接结果，是一种十分奇特的树。➡⑮

炮弹树属，落叶大乔木，主要生长在圭亚那的热带森林中，树高15～30米。叶密集地簇生于枝头，每年落叶两次；树干上随处可见花枝，长度从30厘米到1.5米不等，花枝上开一簇簇红色的花朵。

这种植物的最神奇之处在于它的果实：果实呈球形，直径约20厘米，成熟后外皮木质化，呈褐色壳状，看起来就像老式炮弹一样；果实内有柔软的果肉和许多种子，闻起来有臭味，但在其产地可被用来制作饮料；将果实内部掏空后外壳可作为容器，并且果实像真的炮弹一样，在成熟后会爆裂开。

# 榼藤属

**【原产地】**东半球热带地区。

**【学　名】***Entada*：属名源于印度南部马拉巴尔某地的地名，由荷兰博物学家亨德里克·范·雷德（Hendrik van Rheede）命名。

**【日文名】**もだま（藻玉）：种子曾被误认为是海藻的种子，因此得名。

**【英文名】**sea bean：意为“海豆”，或为日文名的意译。St. Thomas bean：意为“圣托马斯豆”。

**【中文名】**榼藤属。

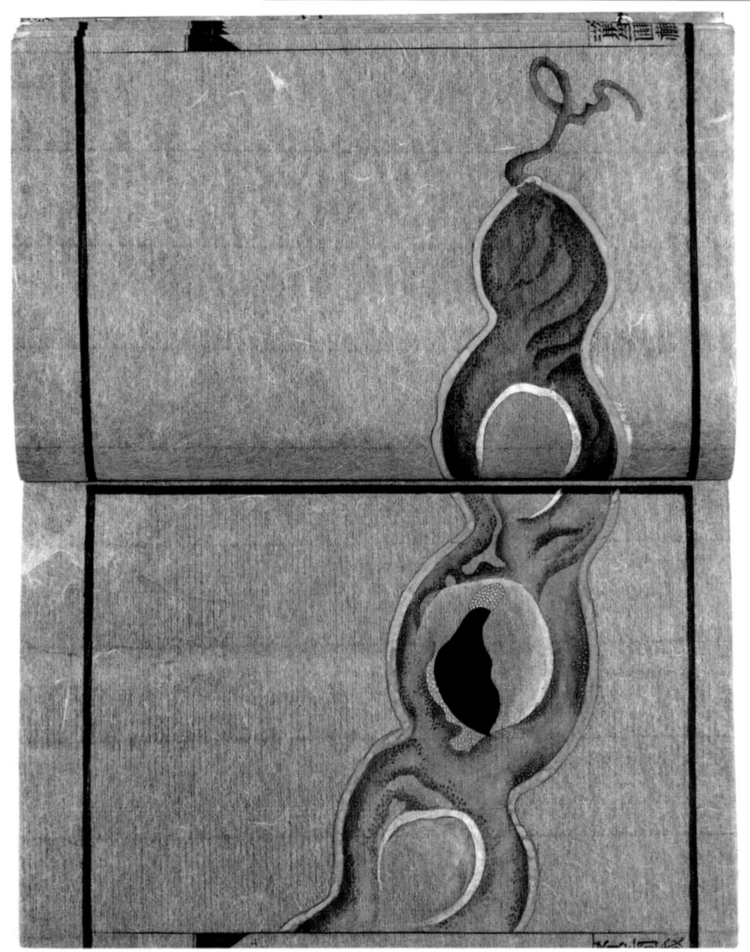

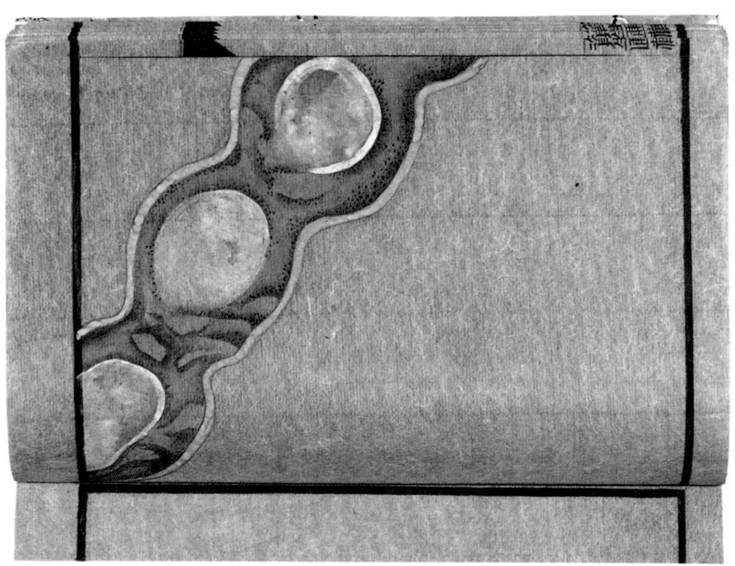

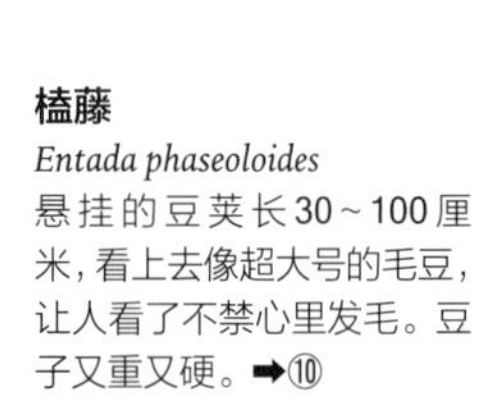

**榼藤**
*Entada phaseoloides*
悬挂的豆荚长30～100厘米，看上去像超大号的毛豆，让人看了不禁心里发毛。豆子又重又硬。➡⑩

榼藤属能结出豆科中已知最大的果实，豆荚总长可超过1.2米，广泛分布于热带地区，日本屋久岛至冲绳岛的常绿森林中也有生长。

其种子呈心形，中空，因此可以在海上漂浮，并通过这种方式传播。据说，墨西哥湾的洋流能够将南美洲的榼藤属种子带至遥远的挪威海岸。在挪威，本属的种子被称为“海洋之心”，人们将其一分为二，并将内侧抛光，制成火柴盒或室内装饰品。苏格兰人认为它们是从太平洋漂流而下的，并将其称为“摩鹿加豆”（摩鹿加指马鲁古群岛，印度尼西亚所属群岛，位于太平洋上）。人们还认为它们具有治疗眼疾的功效。

许多榼藤属种子也漂到了日本。日本民俗学创立者柳田国男提到，自己年轻时曾在爱知县伊良湖畔捡到了椰子，这个经历启发他提出了“海上之路”的假说，他也因此声名大噪。其实，除了椰子，柳田国男还捡到了榼藤属种子。

在18—19世纪博物学的黄金时期，欧洲人的认知不断受到各种前所未见的热带动植物的冲击。这些大号豆子自然也让人们深深地着迷。直到现在，你仍然可以在欧洲各地的自然博物馆里看到干燥的榼藤属种子标本，如比利时安特卫普动物园的自然历史博物馆等。

热带雨林中的榼藤属藤蔓十分珍贵，因为从中可以采集到大量干净的饮用水。

# 青锁龙属 [1]

**【原产地】**非洲南部。

**【学　名】***Crassula*；*Rochea*为异名之一。*Rochea*曾是独立的一属，现合并至青锁龙属，异名源于19世纪瑞士植物学家弗朗索瓦·德拉罗什（François Delaroche），或其父丹尼尔·德拉罗什（Daniel Delaroche）的名字。

**【日文名】**ろけあ（rokea）：属名异名的日文音译。

**【英文名】**rochea：源于属名的异名。

**【中文名】**青锁龙、神刀龙。

1 本页描述的均为已被归入青锁龙属的*Rochen*（或被称为“神刀龙属”）。——编者

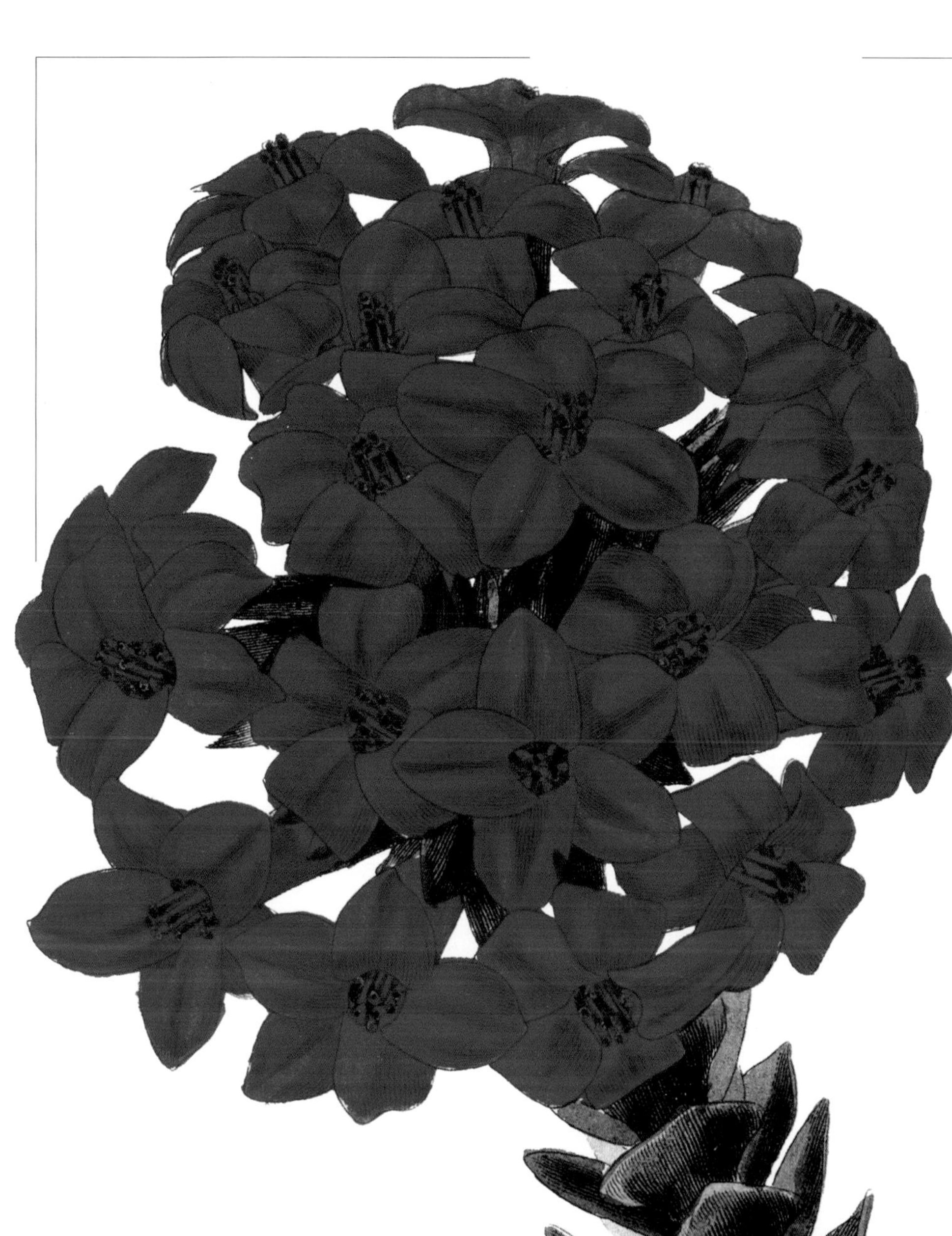

**绯红青锁龙**
*Crassula coccinea*
*Rochea coccinea*（异名）。正如其中文名，这种植物有着醒目而艳丽的红色花朵。➡㉓

这类植物是原产于南非的多肉植物，属景天科，主要自然生长于开普敦至布雷达斯多普地区的山岳地带。

其含肉质组织较少，在园艺中通常被视为普通植物，叶对生，从上往下看呈十字形，无叶柄，根相互连接，形态十分奇特。其有限花序（聚伞类花序）位于分枝茎的顶端，开红色花。绯红青锁龙于18世纪初被引入欧洲，并被广泛园艺化。

# 大戟属

【**原产地**】非洲、中南美洲。

【**学　名**】*Euphorbia*：属名源于古代非洲毛里塔尼亚国王的御医欧福耳玻斯（Euphorbus）的名字。迪奥斯科里德斯和老普林尼都曾在著作中使用过该名称。

【**日文名**】ユーフォルビア（yūforubia）：属名的日文音译。

【**英文名**】spurge：源于法语“espure”，意为“清洁”，可能与它以前用作收敛剂有关。euphorbia：源于属名。

【**中文名**】大戟：根辛辣而苦，戟人咽喉，因此得名。

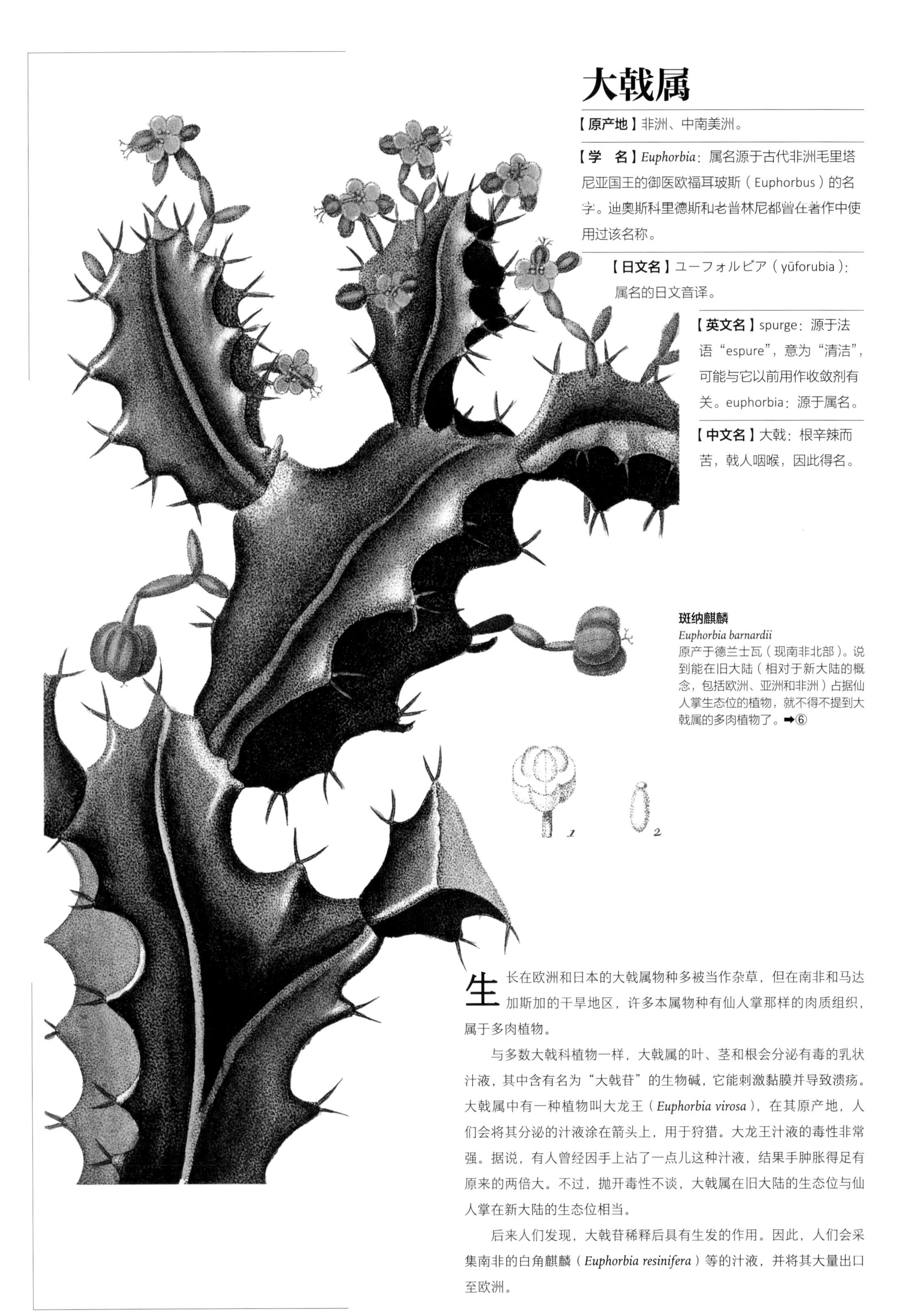


**斑纳麒麟**
*Euphorbia barnardii*
原产于德兰士瓦（现南非北部）。说到能在旧大陆（相对于新大陆的概念，包括欧洲、亚洲和非洲）占据仙人掌生态位的植物，就不得不提到大戟属的多肉植物了。➡⑥

生长在欧洲和日本的大戟属物种多被当作杂草，但在南非和马达加斯加的干旱地区，许多本属物种有仙人掌那样的肉质组织，属于多肉植物。

与多数大戟科植物一样，大戟属的叶、茎和根会分泌有毒的乳状汁液，其中含有名为“大戟苷”的生物碱，它能刺激黏膜并导致溃疡。大戟属中有一种植物叫大龙王（*Euphorbia virosa*），在其原产地，人们会将其分泌的汁液涂在箭头上，用于狩猎。大龙王汁液的毒性非常强。据说，有人曾经因手上沾了一点儿这种汁液，结果手肿胀得足有原来的两倍大。不过，抛开毒性不谈，大戟属在旧大陆的生态位与仙人掌在新大陆的生态位相当。

后来人们发现，大戟苷稀释后具有生发的作用。因此，人们会采集南非的白角麒麟（*Euphorbia resinifera*）等的汁液，并将其大量出口至欧洲。

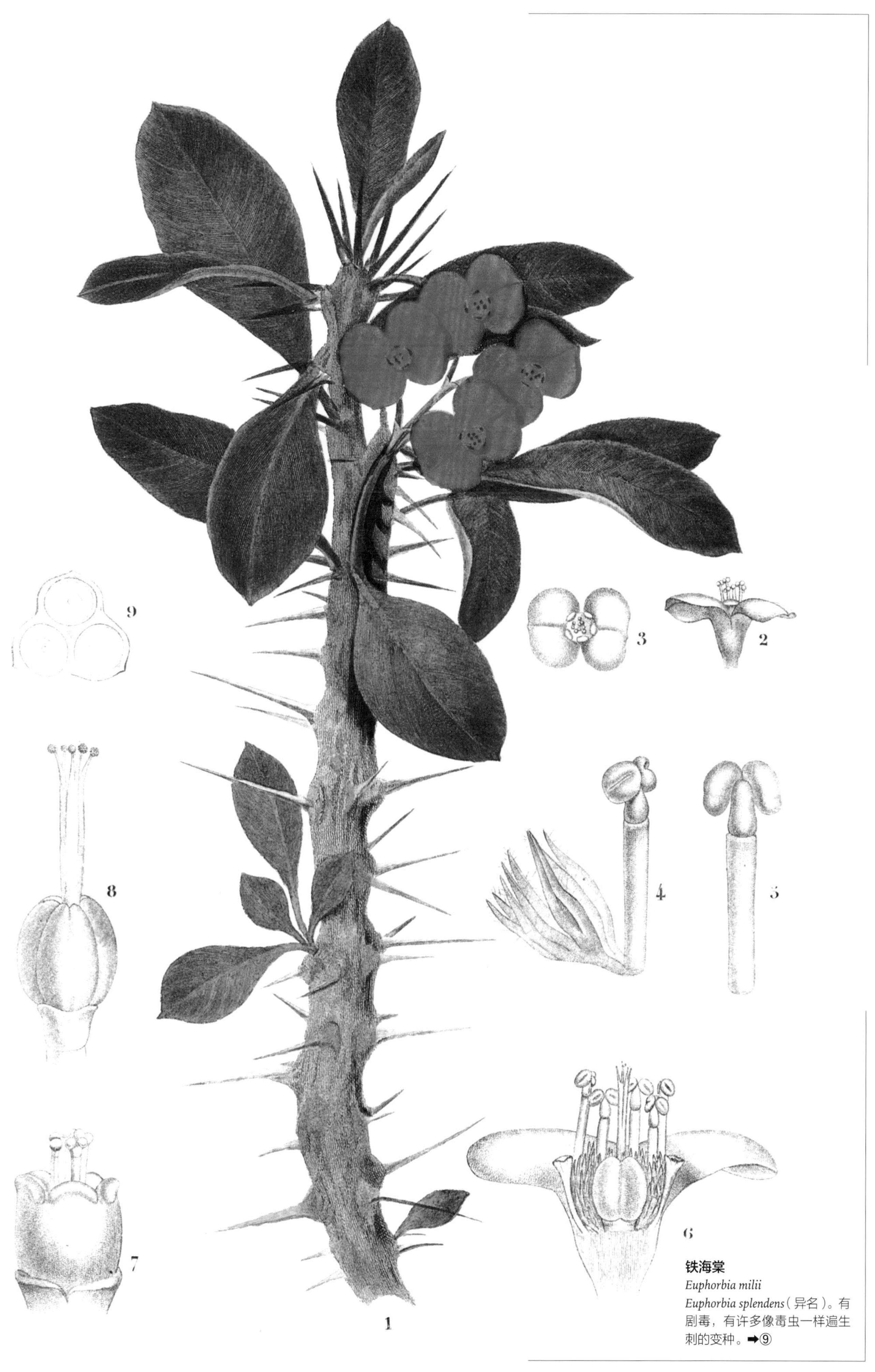


**铁海棠**

*Euphorbia milii*

*Euphorbia splendens*（异名）。有剧毒，有许多像毒虫一样遍生刺的变种。➡⑨

# 虎耳兰属

【原产地】非洲南部。

【学　名】*Haemanthus*：属名源于希腊语，意为“血之花”，因开深红色花而得名。

【日文名】まゆはけおもと（眉刷万年青）：因花朵形状与眉刷相似而得名。

【英文名】blood-lily：意为“血百合”，与属名同源。

【中文名】虎耳兰。

**柔毛虎耳兰**
*Haemanthus pubescens*
十分美丽，原产于南非。不过就外形来看，开白花的虎耳兰（*Haemanthus albiflos*）在虎耳兰属中是最珍奇的物种。➡①

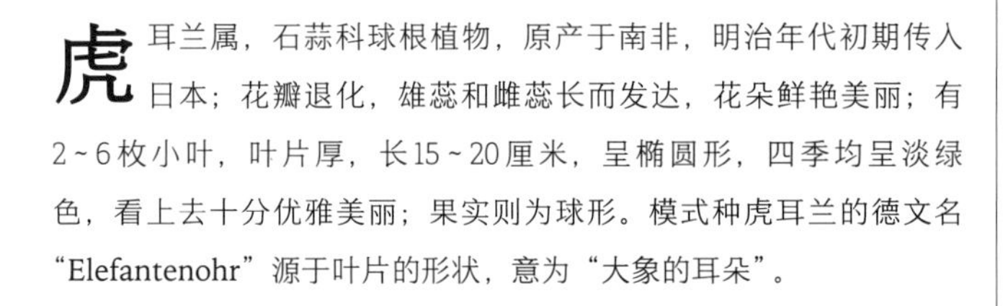

虎耳兰属，石蒜科球根植物，原产于南非，明治年代初期传入日本；花瓣退化，雄蕊和雌蕊长而发达，花朵鲜艳美丽；有2~6枚小叶，叶片厚，长15~20厘米，呈椭圆形，四季均呈淡绿色，看上去十分优雅美丽；果实则为球形。模式种虎耳兰的德文名“Elefantenohr”源于叶片的形状，意为“大象的耳朵”。

# 白玉凤属

【原产地】非洲南部。

【学　名】*Massonia*：属名源于英国植物猎人弗朗西斯・马森的名字。

【日文名】まっそにあ（massonia）：属名的日文音译。

【英文名】massonia：源于属名。

【中文名】白玉凤。

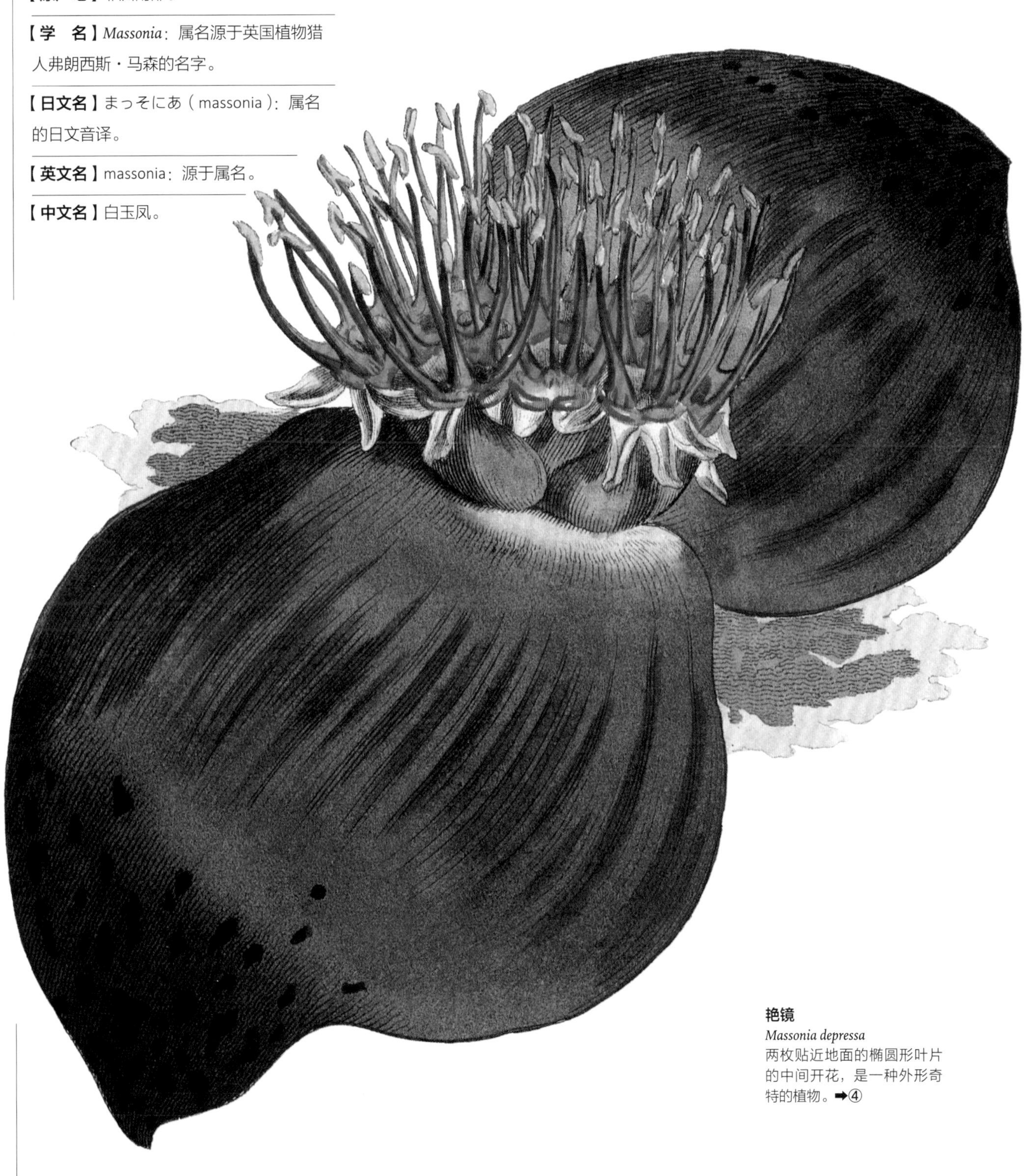

**艳镜**
*Massonia depressa*
两枚贴近地面的椭圆形叶片的中间开花，是一种外形奇特的植物。➡④

白玉凤属，天门冬科球根植物，自然生长于南非和其他干燥地区，以邱园派往南非的第一位植物猎人弗朗西斯・马森的名字命名。

它的外形十分奇特，一对椭圆形叶片贴近地面蔓延生长，叶片粗糙，为砂纸状质地，略多肉质；花梗很短，花朵仿佛是直接从地里长出来的。

# 千里光属

【原产地】全世界。

【学　名】*Senecio*：属名源于拉丁语，意为“老人”。一种说法是因为其白色或灰色的冠毛看上去像老人的白发，另一种说法是因为其光滑的花托看上去像人的秃顶。老普林尼曾在著作中使用过该名字。

【日文名】セネシオ（seneshio）：属名的日文音译。

【英文名】groundsel：源于日耳曼语，意为“可以吸脓的东西”，因其可用作敷贴而得名，其中“ground”有“基底”之意。Ragwort：意为“褴褛草”，头状花序开花时会聚在一起，让人联想到一堆破布，因而得名。

【中文名】千里光。

**清凉刀**
*Curio ficoides*
*Senecio ficoides*（异名）。多肉植物往往具有相似的外观，尽管它们在分类学上完全不属于同一个类群，但它们都需要保护自己免受干旱的影响。要想确定多肉植物的种名，往往要等到其开花后。插图中的清凉刀就是一个典型的例子。➡①

千里光属，显花植物中最大的属之一，属于菊科，约1000种，广泛分布于世界各地。

种之间的差异显著，包括一年生草本植物、多年生草本植物、灌木、藤本植物及多肉植物。有人曾在东非的高山上发现了本属的巨型种，茎叶十分粗壮，高5~6米，看起来就像怪物。园艺中栽培的千里光（*Senecio scandens*）也是本属的一种，但其外形与多肉植物几乎没有相似之处。

# 长生草属

【原产地】欧洲中南部。

【学　名】*Sempervivum*：属名源于拉丁语，意为“永生”，由老普林尼命名。因叶片肥厚强韧而得名。

【日文名】くものすばんだいそう（蜘蛛巢万代草）：“蜘蛛巢”即蜘蛛巢，因其莲座状叶丛上覆盖着白色的茸毛而得名。“万代草”为属名的意译。

【英文名】houseleek：意为“室内韭葱”。

【中文名】长生草：属名的意译。

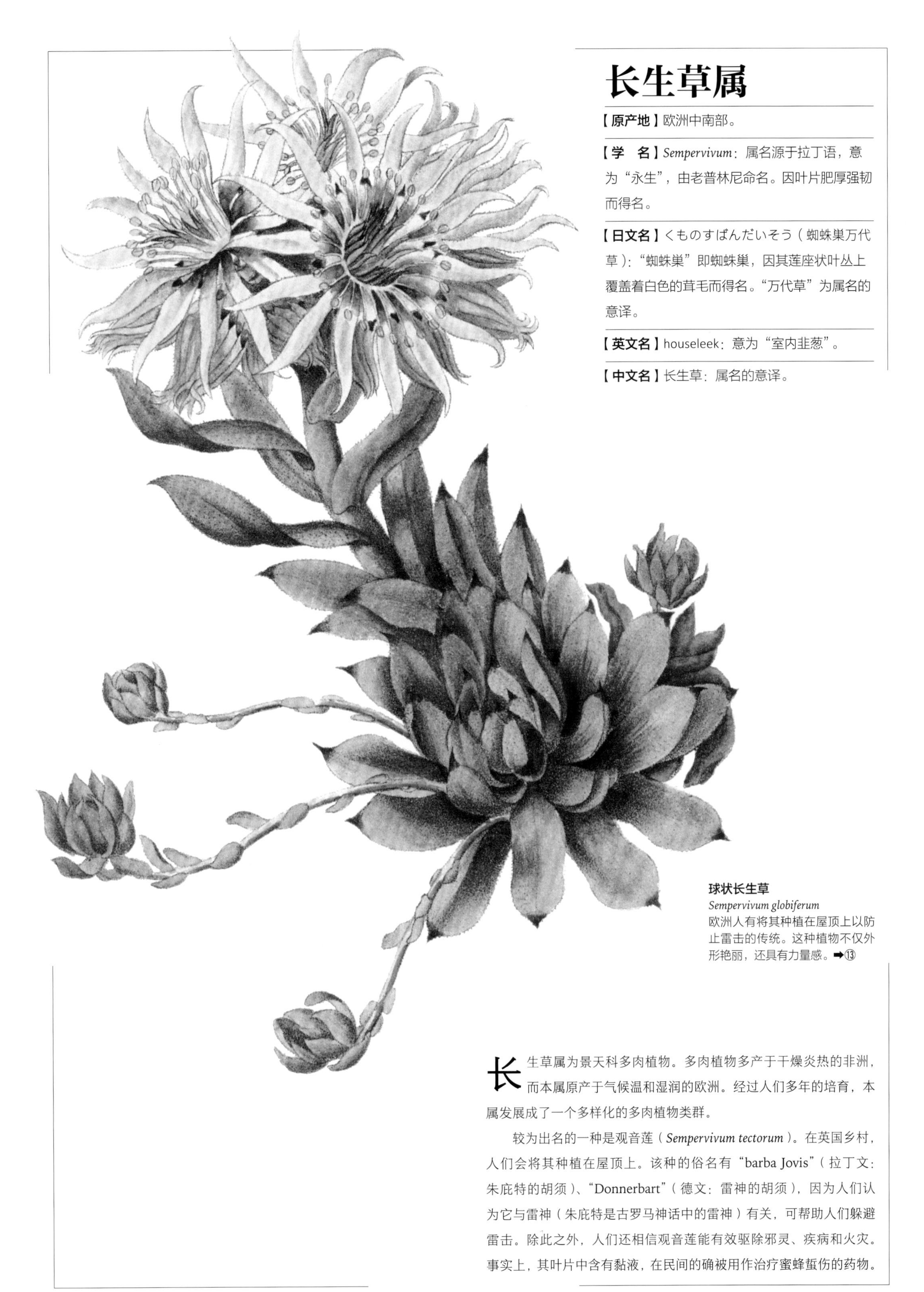

**球状长生草**
*Sempervivum globiferum*
欧洲人有将其种植在屋顶上以防止雷击的传统。这种植物不仅外形艳丽，还具有力量感。➡⑬

长生草属为景天科多肉植物。多肉植物多产于干燥炎热的非洲，而本属原产于气候温和湿润的欧洲。经过人们多年的培育，本属发展成了一个多样化的多肉植物类群。

较为出名的一种是观音莲（*Sempervivum tectorum*）。在英国乡村，人们会将其种植在屋顶上。该种的俗名有“barba Jovis”（拉丁文：朱庇特的胡须）、“Donnerbart”（德文：雷神的胡须），因为人们认为它与雷神（朱庇特是古罗马神话中的雷神）有关，可帮助人们躲避雷击。除此之外，人们还相信观音莲能有效驱除邪灵、疾病和火灾。事实上，其叶片中含有黏液，在民间的确被用作治疗蜜蜂蜇伤的药物。

*Sedum africanum*（可能）
一张奇怪的插图，出自18世纪魏因曼所著图谱，还标注有文字“*monstrosum*”。据推测其为石化后外形奇特的物种。➡①

# 景天属

**【原产地】**北半球温带和暖温带地区。

**【学　名】***Sedum*：源于拉丁语，自古以来便用于称呼此属，有“固定不动”之意。因其附着在岩石或墙壁上生长而得名。

**【日文名】**まんねんぐさ（万年草）：即便被采摘或丢弃也依旧可以存活，不易枯萎，因而得名。

**【英文名】**stone crop：意为“岩石作物”。Orpine：源于法语，意为“开黄色花的植物”。live-forever：意为“永生”，或与日文名同源。

**【中文名】**景天。

景天属，景天科草本多肉植物，广泛分布于北半球温带和暖温带地区。即使茎叶被采摘下来丢在路边，本属也能生根并开始生长。在热带和亚热带干旱地区有许多具有这种特性的植物，如仙人掌和粟米草（*Trigastrotheca stricta*）。本属形态多变，原产于墨西哥的 *Sedum frutescens* 甚至是木本植物。

在日本，除了景天属之外，再没有具有相同特性的植物，因此它曾是古代日本人心中能够长生不老的珍奇植物。本属还被叫作“弁庆草”，源于源义经的家臣弁庆舍身护主，身中多箭站立而亡的典故。除此之外，本属在日本还有其他古名，如“生草”和“常春藤”。

# 仙人柱属

【原产地】中美洲、南美洲。

【学　名】*Cereus*：属名源于拉丁语，意为“蜡烛”。关于其语源有诸多说法，有的说法是因为其形态与蜡烛相似，有的说法是因为它像蜡烛一样柔软易碎，还有的说法是因为其干燥的茎可以当作灯芯浸在蜡中。

【日文名】はしらさぼてん（柱仙人掌）：意为“柱状的仙人掌”。

【英文名】cereus：源于属名。

【中文名】仙人柱。

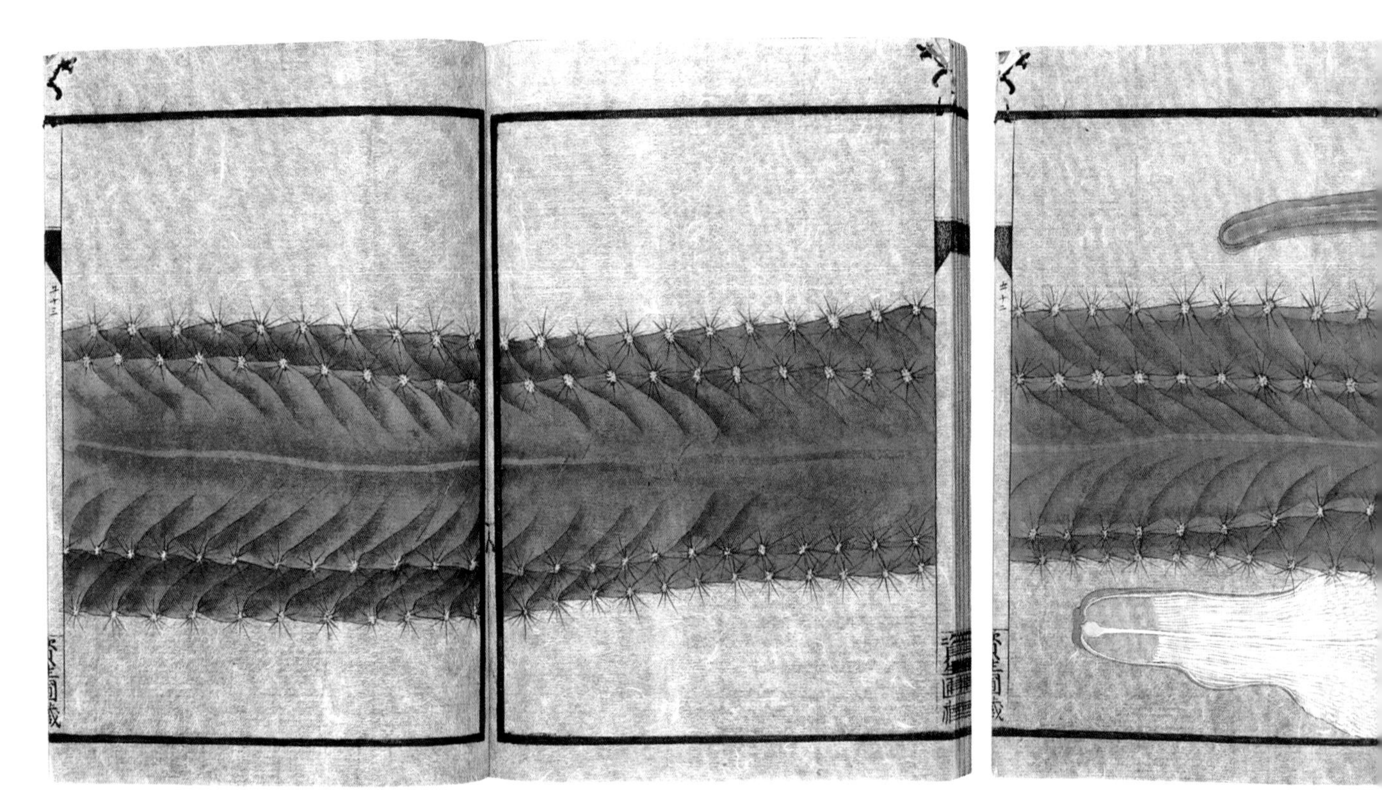

**仙人柱属一个未知种**
*Cereus* sp.
外形看起来与便携伸缩式水杯十分相似。褶皱起散热器作用，防止在强烈的阳光下内部温度过高，还能起调节含水量的作用。➡⑩

仙人柱属呈乔木状，分布于巴西东部至秘鲁的干燥森林地区。大多数柱状的仙人掌都被归入仙人柱属；有4～10棱，较为尖锐；多分枝，可形成直径5米的“树冠”；花白色，在夜间开放，直径约10厘米。仙人柱属耐寒性很强，即使是在相对没那么干燥炎热的日本伊豆半岛和宫崎平原，也无须种在温室内。

具有代表性的物种包括神代柱（*Cereus hildmannianus*），其高度可达十多米；牙买加天轮柱（*Cereus jamacaru*），有非常坚硬的木质部分，甚至可以作为木材。

菊王樹 一種
カクタース

**大花蛇鞭柱**
*Selenicereus grandiflorus*
*Cereus grandiflorus*（异名）。摘自19世纪比利时的园艺图谱，由自然史画师塞弗林绘制。当时，许多仙人掌属（*Opuntia*）植物都被归入仙人柱属中。插图中这种开红色花的仙人柱现在已经看不到了。➡⑲

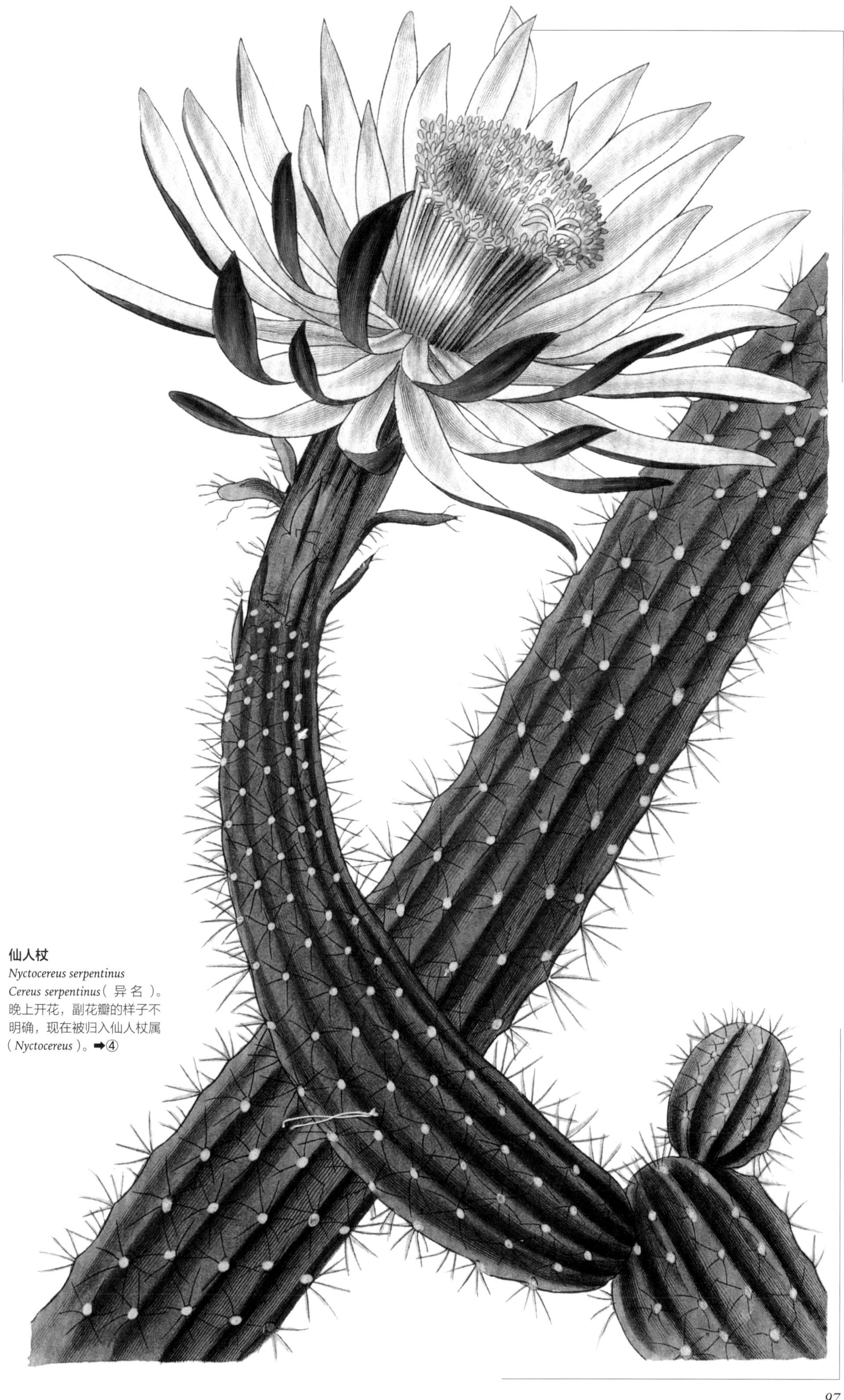

**仙人杖**
*Nyctocereus serpentinus*
*Cereus serpentinus*（异名）。晚上开花，副花瓣的样子不明确，现在被归入仙人杖属（*Nyctocereus*）。➡④

# 胭脂掌

【原产地】墨西哥。

【学　名】*Opuntia cochenillifera*：异名*Nopalea cochenillifera*，源于某种仙人掌的墨西哥名。

【日文名】こちにーるさぼてん（kochiniirusaboten）：源于英文名。

【英文名】cochineal：在语源上有“木虱”之意，胭脂虫（*Dactylopius coccus*）会寄生在这种仙人掌上，因此得名。

【中文名】胭脂掌：胭脂虫寄生的仙人掌，因此得名。

**胭脂掌**
*Opuntia cochenillifera*
插图中上面一排是胭脂虫（a~h）。这种仙人掌的果实可食用。➡⑮

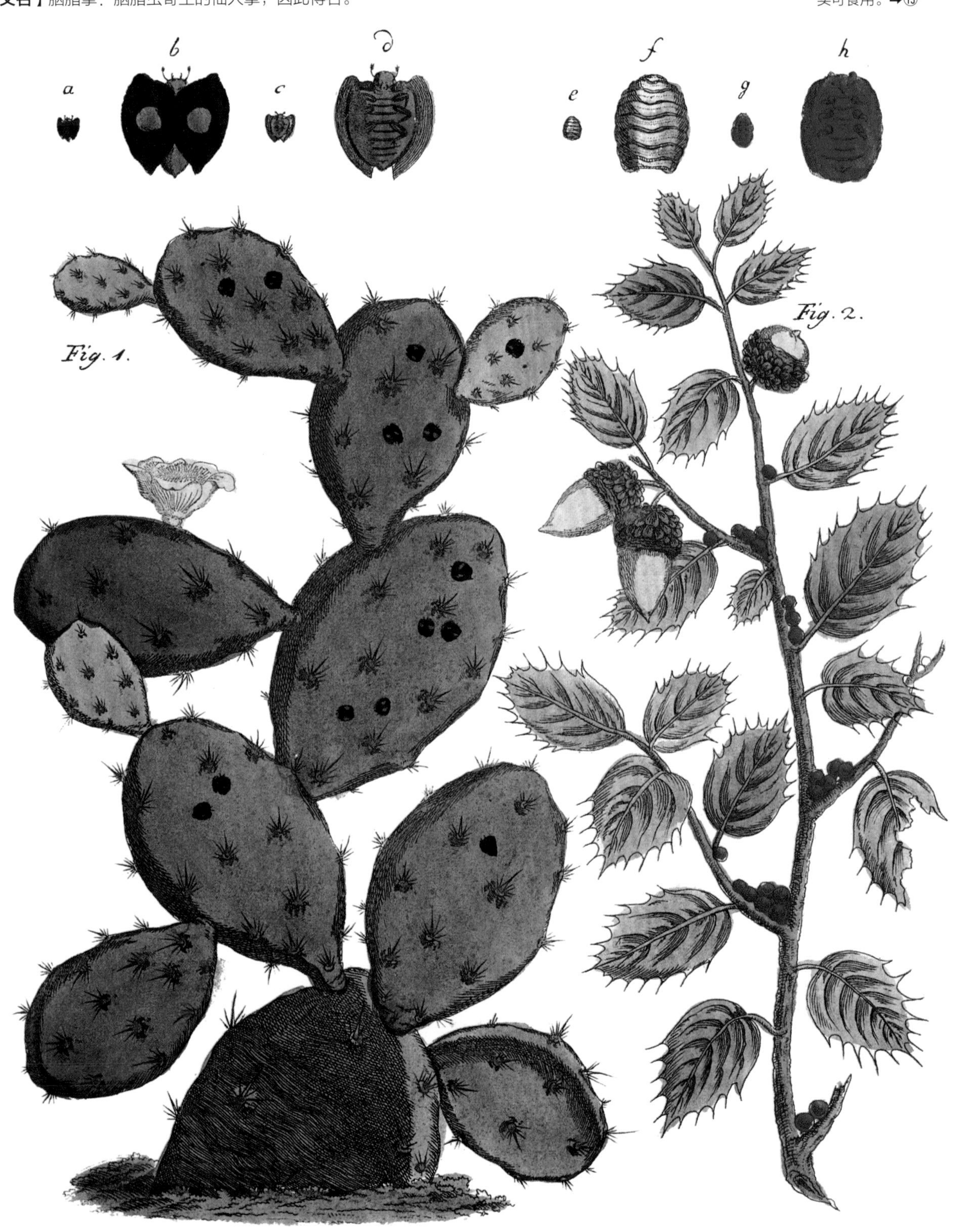

**胭脂掌**

*Opuntia cochinellifera*

这幅插图展示了人们为了收集胭脂虫而种植胭脂掌的场景。在20世纪合成染料发明前，人们一直用这种方式获得红色染料。明治（1868—1912年）初期，日本也曾在小笠原群岛尝试种植胭脂掌，但以失败告终。➡⑮

胭脂掌是仙人掌属的一种，形态与梨果仙人掌（*Opuntia ficus-indica*）非常相似。推测其原产于墨西哥，可以长到3米多高。

胭脂虫会寄生在这种植物上，从这种昆虫中能提取出胭脂红色素。胭脂虫为胭蚧科的一种昆虫，其体液的颜色与人类血液的颜色相似。这种昆虫寄生后开始生长，逐渐变成圆盘状，看起来就像血疱，碾碎后可提取出红色素。新大陆的原住民自古以来便一直种植胭脂掌以收集胭脂虫，他们会用其体液来给玉米薄饼上色。

胭脂虫体液的颜色在日本被称为“猩猩绯”，用这种染料染成的布匹在日本战国时代（1467—1600或1615年）曾一度流行，主要用于制作日本的传统服饰“阵羽织”。

# 广刺球属

【原产地】北美洲西南部、墨西哥。

【学　名】*Echinocactus*：属名源于希腊语，意为“刺猬仙人掌”。表面覆盖大量的刺，犹如刺猬一般，因而得名。

【日文名】たまさぼてん（玉仙人掌）：意为“球形的仙人掌”。

【英文名】echinocactus：源于属名。golden ball cactus：意为“金球仙人掌”。

【中文名】广刺球。

**金琥**
*Kroenleinia grusonii*
*Echinocactus grusonii*（异名），曾被归入广刺球属。形状巨大，长有金色的硬刺。生长至直径约30厘米时才会开花。由于外形美观，世界各地均有种植。➡⑲

广刺球属分布于北美洲西南部至墨西哥。茎短而粗，多肉质。历史上曾发表了1000多个广刺球属物种的名字，随着分类学的发展，如今被接受的只有5种，但都具有重要的园艺价值。*Echinocactus Polycephalus* 在日本很难栽培，有红褐色的刺，看起来就像滚落在沙漠中的巨大海胆。

**乳突球属一个未知种**

*Mammillaria* sp.

外形与金琥相近。如下图所示，通常簇生。花小，被疣状突起所覆盖。➡⑩

**精巧球**

*Pelecyphora aselliformis*

原产于墨西哥。外形与金琥相近，其特点是刺为白色，整齐对称地排列在刺座上，看起来很像鼠妇（*Porcellio scaber*）的外壳。➡⑱

覇王樹

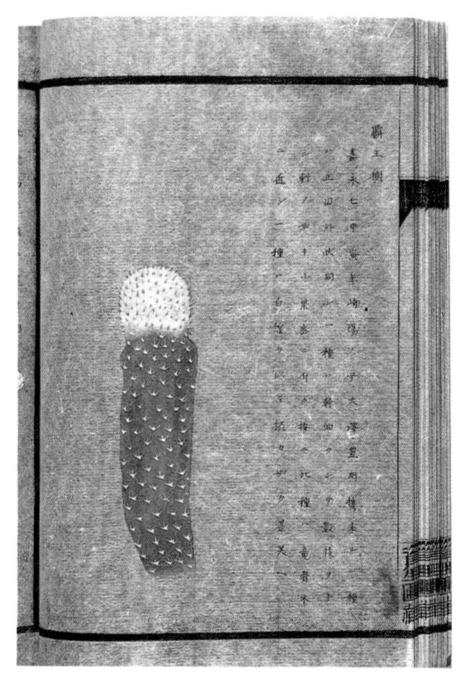

覇王樹

**量天尺属一个未知种（可能）**

*Hylocereus* sp.

江户时代（1603—1868年）传入日本。左图由日本本草学家马场大助绘制。在这幅插图上，上面发白的部分应该是由于植物没有充分受到日照所致。➡⑩

# 木麻黄属

【原产地】澳大利亚、东南亚、波利尼西亚。

【学　名】*Casuarina*：属名源于其长而下垂的枝条，让人联想到双垂鹤鸵（*Casuarius casuarius*）的羽毛。

【日文名】もくまおう（木麻黄）：因其为乔木，且与中药里的麻黄相似，而得名。

【英文名】sea-oak：意为“海橡”，因生长于海岸边，木材如橡树般坚硬而得名。

【中文名】木麻黄：与日文名同源。

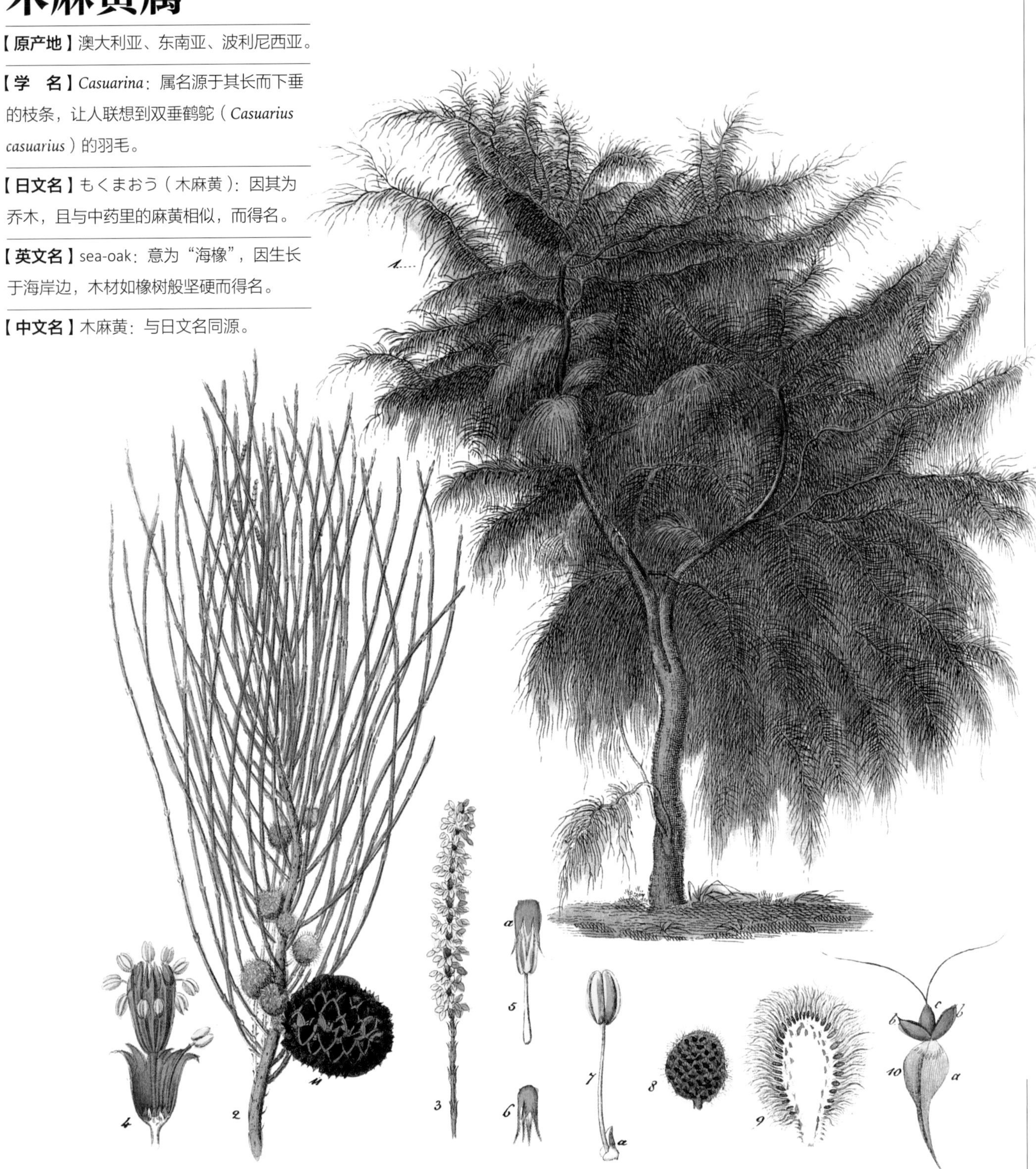


*Allocasuarina verticillata*
*Casuarina quadriralris*（异名）。奇特的双子叶植物，外形与裸子植物极其相似。在日本本岛的西南部和小笠原群岛作为防风树被大量种植。虽然很容易受到潮水的影响，叶片会因台风而干枯，但生命力顽强，能不断长出芽和叶片。➡⑮

木麻黄属，常绿乔木，主要分布于东南亚至太平洋群岛。它看起来似乎和松树或苏铁一样属于裸子植物，其实是更高等的双子叶植物。木麻黄科现有3～4属，约96种。

绿色枝条上轮生着已经退化的鳞状叶片，形态奇特，很像放大版的蕨类植物木贼（*Equisetum hyemale*）。木麻黄属的木材重而坚硬，有些木材的比重可超过1，因此也被称为“澳大利亚铁木”或“波利尼西亚铁木”，可用作铁路枕木；木麻黄属中有些物种的树皮中含有单宁酸，可制成棕色染料。

# 非洲铁属

【原产地】非洲热带地区。

【学　名】*Encephalartos*：属名源于希腊语，意为“脑袋中的面包”。茎的髓部含有淀粉，科萨人会用其制作面包，因而得名。

【日文名】おにそてつ（鬼蘇鉄）：其意或为“巨大的苏铁”。

【英文名】kaffir bread：意为“科萨人的面包”。hottentot bread：意为“霍屯督人的面包”。

【中文名】非洲铁。

**非洲铁属一个未知种**
*Encephalartos* sp.
这幅插画充满异国风情，其中的非洲铁属植物外形十分奇特。这种植物的奇特之处在于，其茎干中能提取出淀粉。➡⑱

非洲铁属为原产于南非的乔木裸子植物，与原产于美洲的泽米铁属（*Zamia* spp.）一样，作为珍奇植物而闻名于欧洲，现作为观赏植物被广泛种植。

从其茎中可以提取出淀粉，当地人也食用其种子。对于亲缘类群泽米铁属和原产于澳大利亚的澳洲铁属（*Macrozamia* spp.），人们也能从它们的果实和茎中提取出淀粉，但均有毒，食用前需要反复清洗、浸泡。

# 泽米铁属

【原产地】北美洲、南美洲、西印度群岛。

【学　名】*Zamia*：属名源于希腊语，意为“损失”，因球果不能结籽而得名。也有说法认为，这是老普林尼将表示松果的“azāniae”误记后传开的。

【日文名】ざみあ（zamia）：属名的日文音译。

【英文名】comptie、coontie：推测均源于地名。

【中文名】泽米铁：属名的音译。

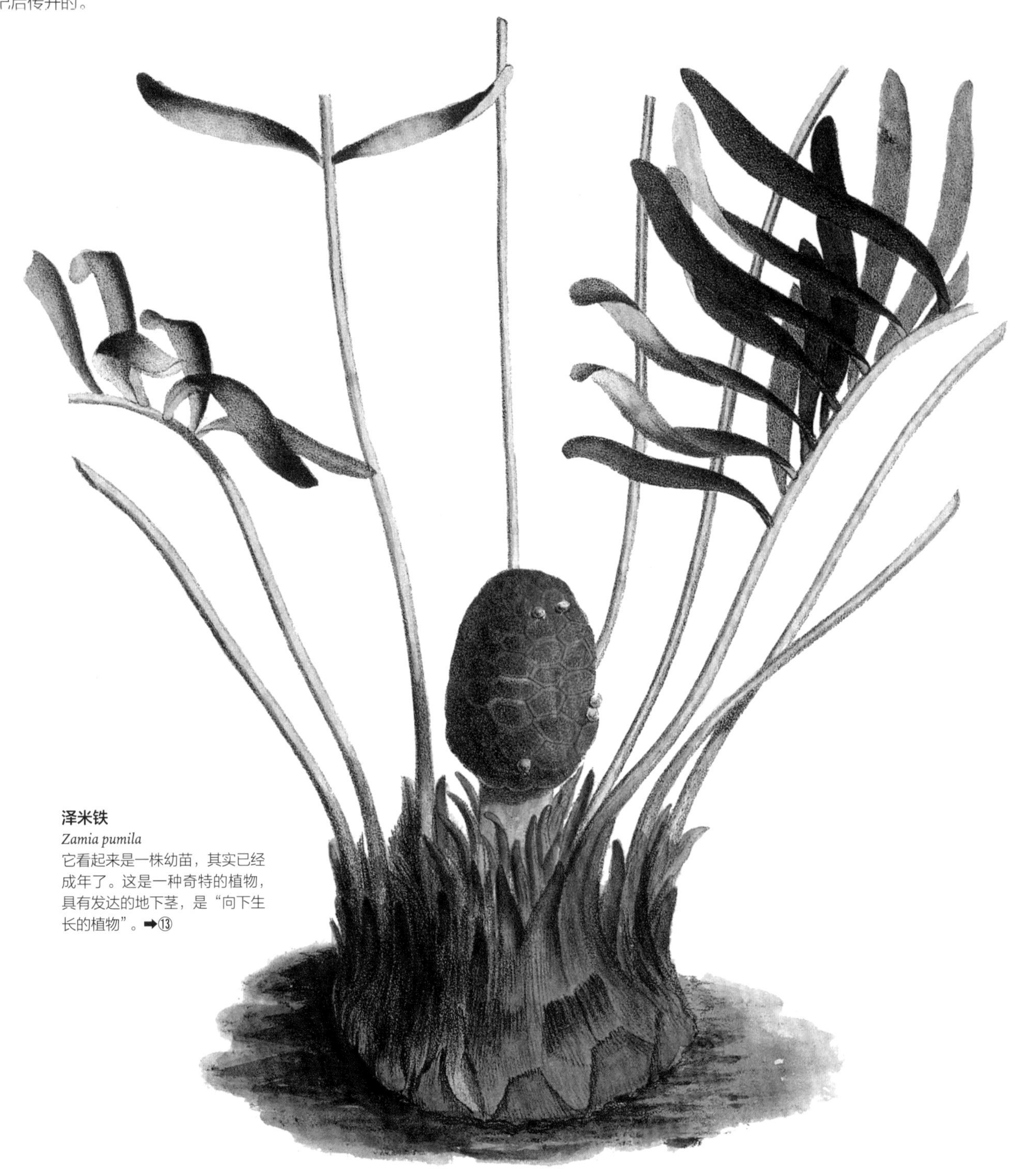

**泽米铁**
*Zamia pumila*
它看起来是一株幼苗，其实已经成年了。这是一种奇特的植物，具有发达的地下茎，是“向下生长的植物”。➡⑬

泽米铁属，苏铁科裸子植物，分布于北美洲、南美洲和加勒比群岛。本属是半陆生植物，茎会随着生长而不断深入地下，因此地上茎只有20~30厘米，而地下茎很发达。本属有毒，但许多物种的茎中都能提取出可食用的淀粉。据说，在神明裁判（用“神”的力量来考验当事人，以判断其是否有罪）中，人们会让当事人摄入本属的茎或根中的毒素，以对其进行考验。

# 番桫椤属

【原产地】全世界热带地区。

【学　名】*Cyathea*：属名源于希腊语，意为“小杯”，指叶片背面的孢子囊群。

【日文名】へご（hego）：语源不详，原为西日本所有蕨类植物的总称。

【英文名】sago fern：意为“像西谷椰的蕨类植物”。

【中文名】番桫椤。

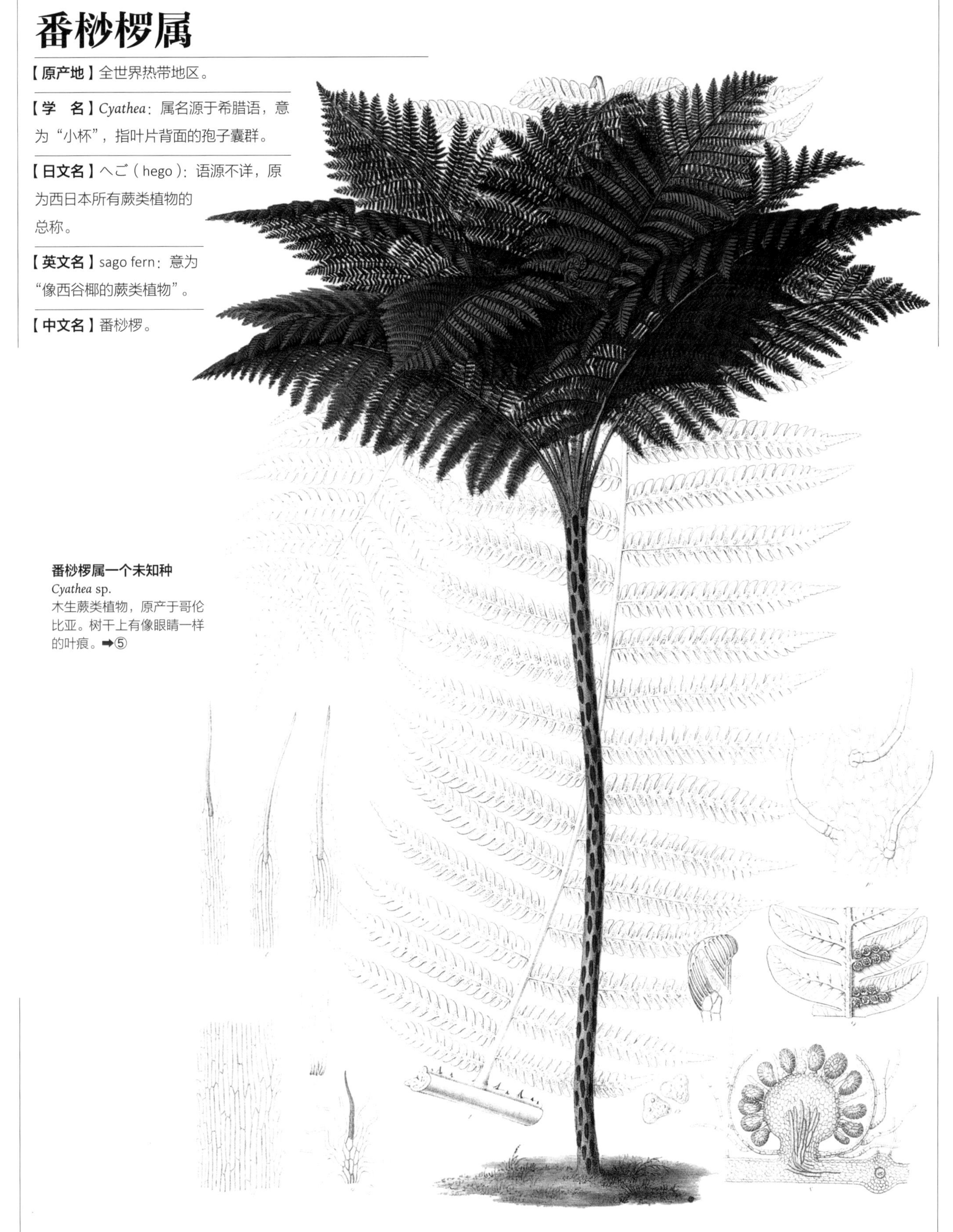

**番桫椤属一个未知种**
*Cyathea* sp.
木生蕨类植物，原产于哥伦比亚。树干上有像眼睛一样的叶痕。➡⑤

番桫椤属，桫椤科树状蕨类植物，广泛分布于热带至亚热带地区。树干直立，上有不定根和叶痕。有些物种的高度可达20米。

在日本小笠原群岛生长着本属一特殊物种。其群生在山坡上，外形仿佛一把撑开的伞。树干直立，高达5米，顶端叶片呈冠状。进入当地的森林，你可能总会觉得有眼睛在盯着你。其实，那些“眼睛”是这一物种的树干上的叶痕。叶脱落后，树干表面的维管束的截面会排成一个倒“八”字，其日文名“丸八”便源于此。

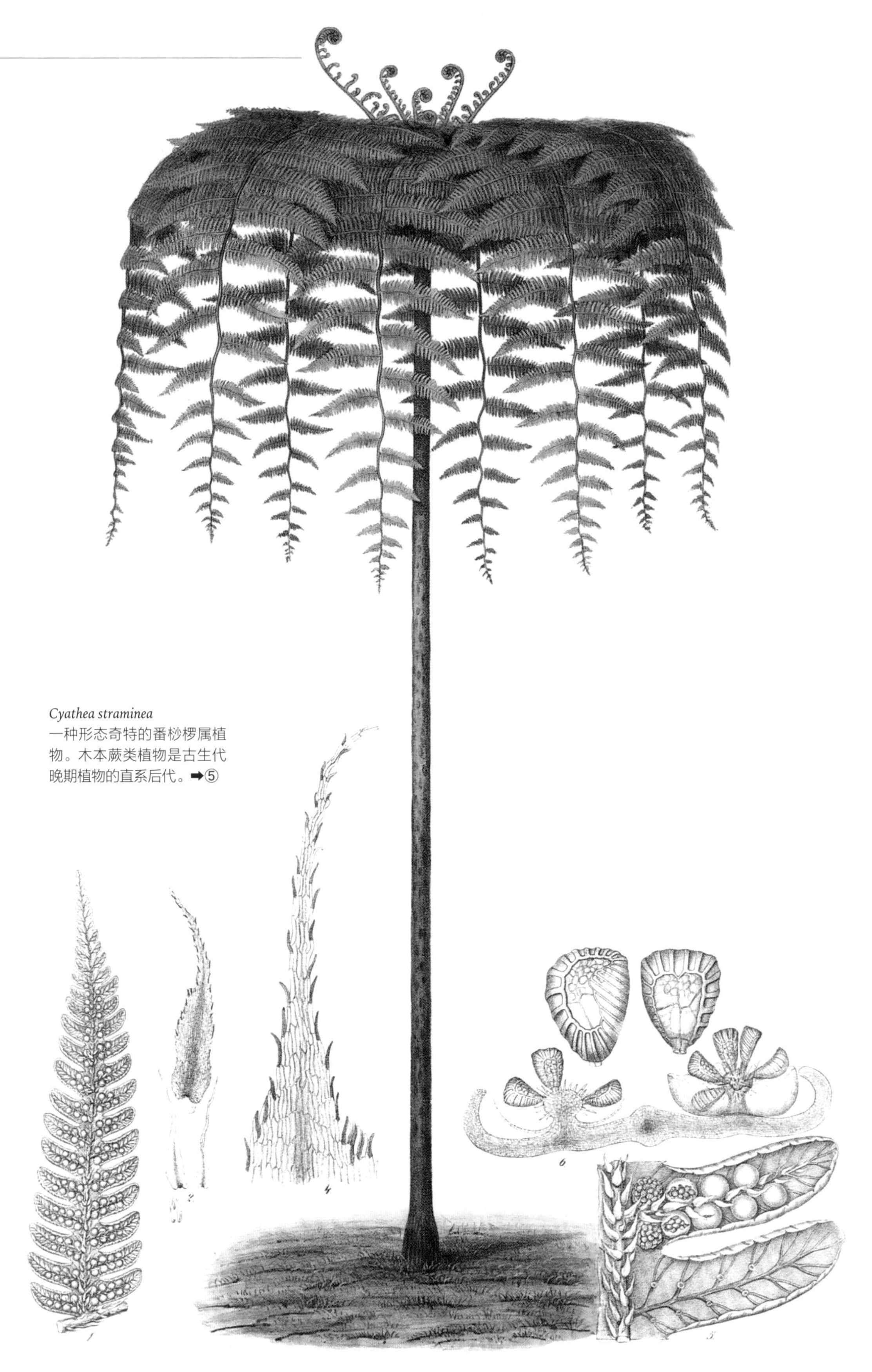

*Cyathea straminea*
一种形态奇特的番桫椤属植物。木本蕨类植物是古生代晚期植物的直系后代。➡⑤

桫椤科是现在仅存的可以长成参天大树的蕨类植物，也是热带景观的重要组成部分。柯南·道尔在科幻小说《失落的世界》（*The Lost World*）中曾描写了这种植物。它是古生代晚期（石炭纪至二叠纪）植物的直系后代。在中生代，芦木属（*Calamites* spp.）、鳞木属等高达4米的蕨类植物覆盖了地球表面。芦木属与现在的木贼属（*Equisetum* spp.）存在亲缘关系，而鳞木属被归入石松纲，被认为是大型的石松类植物。如今，芦木属和鳞木属均已灭绝。

在这些蕨类植物之后，裸子植物开始崛起，并逐渐发展为现在常见的由被子植物组成的热带雨林。裸子植物的后代包括南洋杉属等（第70页）。

桫椤科的树干是很好的园艺材料，主要用于培育附生植物和作为附生藤本植物的支柱。尤其对兰科来说，桫椤科是“黄金植料”。兰科是植物中已知分化程度最高的，有趣的是，它偏偏与桫椤科这种古老的植物成了“好朋友”。

*Cyathea squamipes*
番桫椤属一种，外形特别端正秀丽。➡⑤

# 大花草属

【原产地】东南亚。

【学　名】*Rafflesia*：属名源于19世纪英国殖民时期的行政官托马斯·斯坦福德·莱佛士（Thomas Stamford Raffles）的名字，他是欧洲最早发现此属的人之一。

【日文名】らふれしあ（rafureshia）：属名的日文音译。

【英文名】rafflesia：源于属名。

【中文名】大花草、大王花：因能开出世界上已知最大的花而得名。

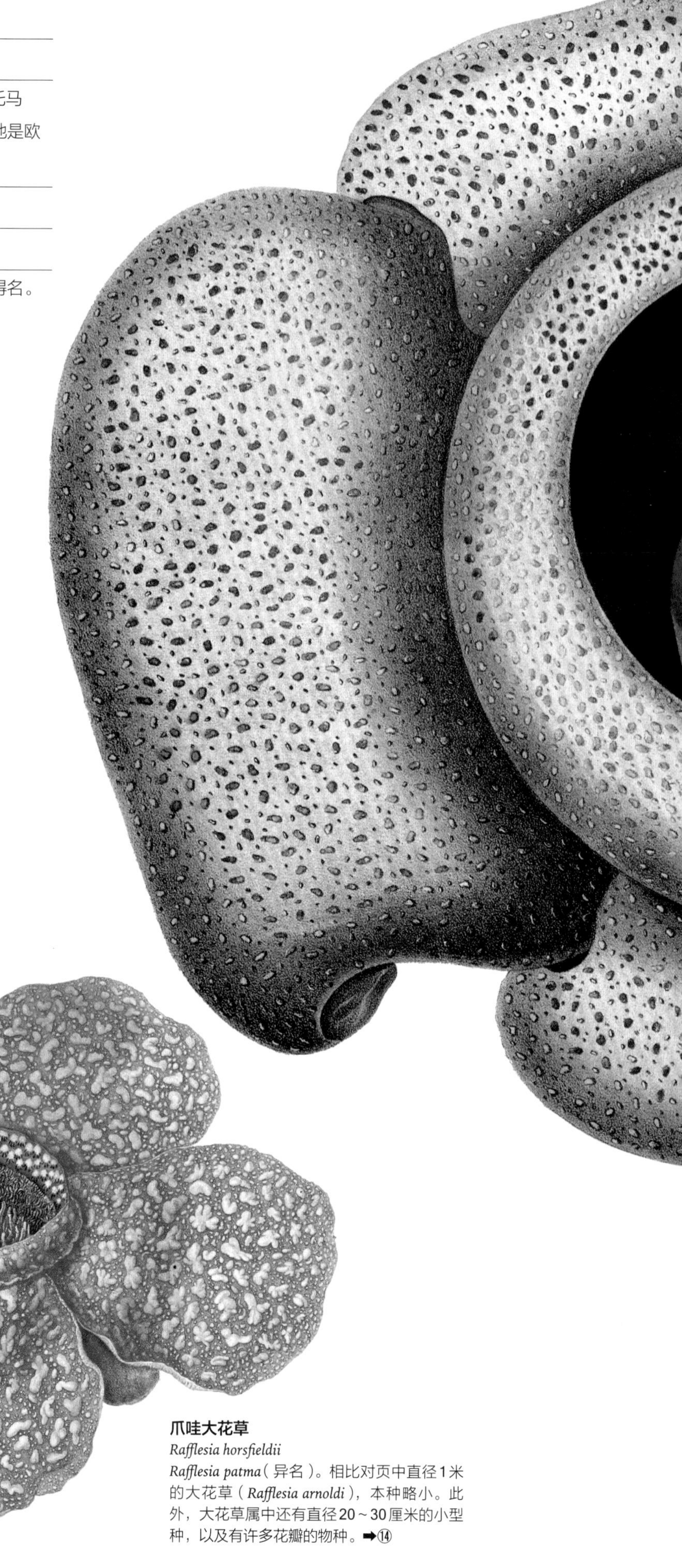

**爪哇大花草**

*Rafflesia horsfieldii*

*Rafflesia patma*（异名）。相比对页中直径1米的大花草（*Rafflesia arnoldi*），本种略小。此外，大花草属中还有直径20～30厘米的小型种，以及有许多花瓣的物种。➡⑭

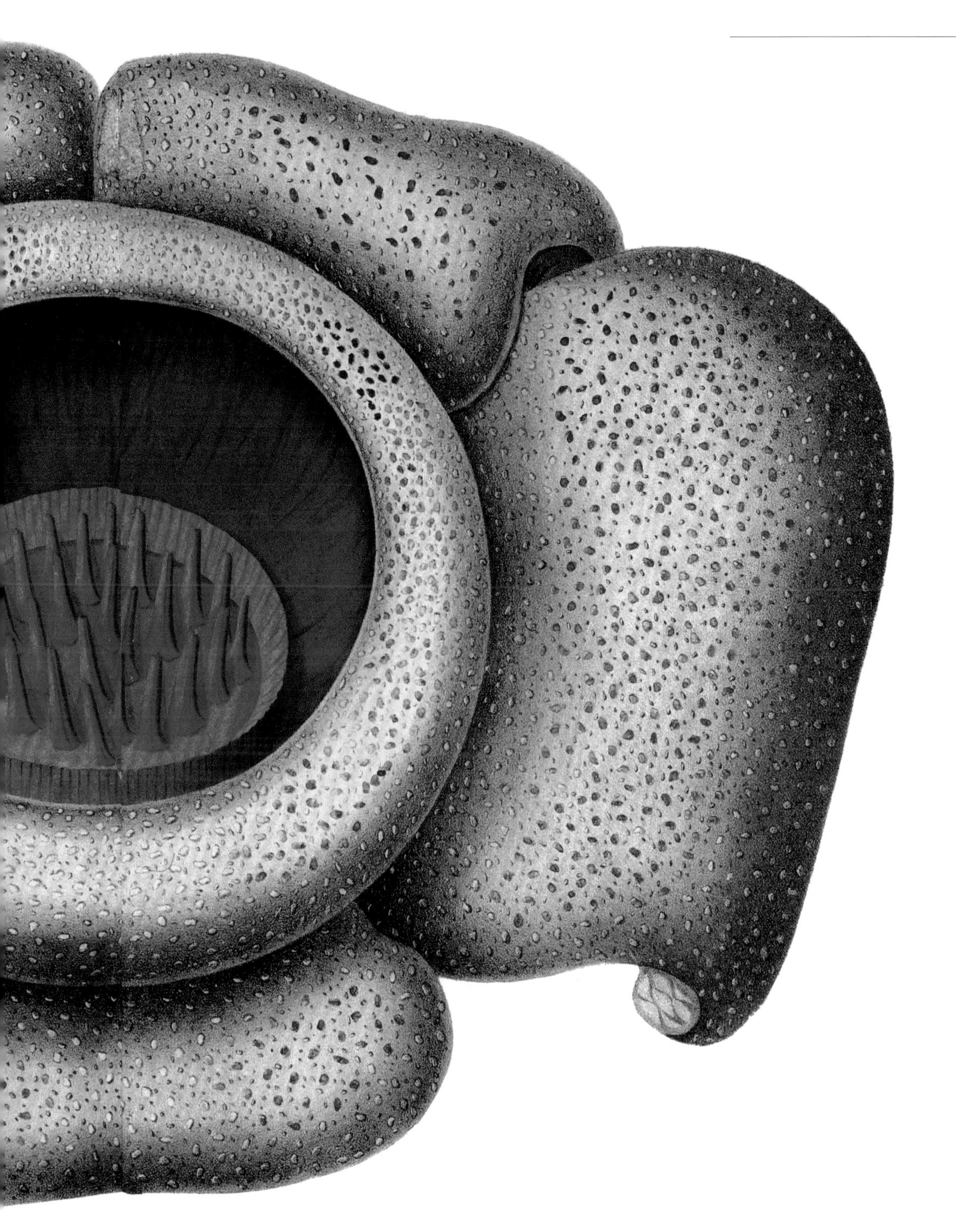

**大花草**
*Rafflesia arnoldi*
本种由莱佛士发现。据说花的直径可达1米，直径60～80厘米的更多。➡⑭

大花草属外形奇特，只有花与寄生根。其寄生在葡萄科植物的根部，能开出世界上已知最大的花，是珍奇植物中的佼佼者。

它开花时会发出响声，并散发腐肉的气味，能够将作为授粉媒介的肉蝇吸引来。

1818年，英国殖民地行政官莱佛士和他的朋友约瑟夫·阿诺德（Joseph Arnold）戏剧性地发现了这种植物。大花草属从花苞开始膨大到开花需要数月的时间，但一朵花的寿命只有几天，因此要找到其盛开的花极其困难。在一次植物采集中，一名用人在丛林中发现了这种花，可以说，阿诺德博士是第一个见到这种花的欧洲人。

日本植物分类学之父牧野富太郎发现的帽蕊草（*Mitrastemon yamamotoi*），与本属存在亲缘关系，自然生长于日本。

f. 4.

f. 2.

**爪哇大花草**

*Rafflesia horsfieldii*

地面上会突然长出如图所示的花蕾。其开花后会散发淡淡的腐臭味，以吸引苍蝇前来，几天后花就会腐烂并枯萎。至于它们是如何散播种子并到达其他宿主根部的，目前还不清楚。➡⑭

**藤寄生**

*Rhizanthes zippelii*

图中的植物与大花草属非常相似，其寄生状态清晰可见。大花草属的花是世界上最大的单朵花。在自然界中，有些植物的花序长达数米，如非洲的巨人半边莲（giant lobelia，半边莲属巨型种的统称）和印度的贝叶棕。➡⑭

f.3
f.6

# 硬皮地星属[1]

【原产地】全世界。

【学　名】*Astraeus*：属名源于希腊语，意为“星星”，因外壳裂开后呈星状而得名。

【日文名】つちぐり（土栗）：意为“长在土里的栗子”。つちがき（土柿）：意为“长在土里的柿子”。

【英文名】earthstar：意为“地星”，语源与属名相同。

【中文名】硬皮地星。

1　第114～117页中描写的生物应被归为真菌，而非植物。——编者

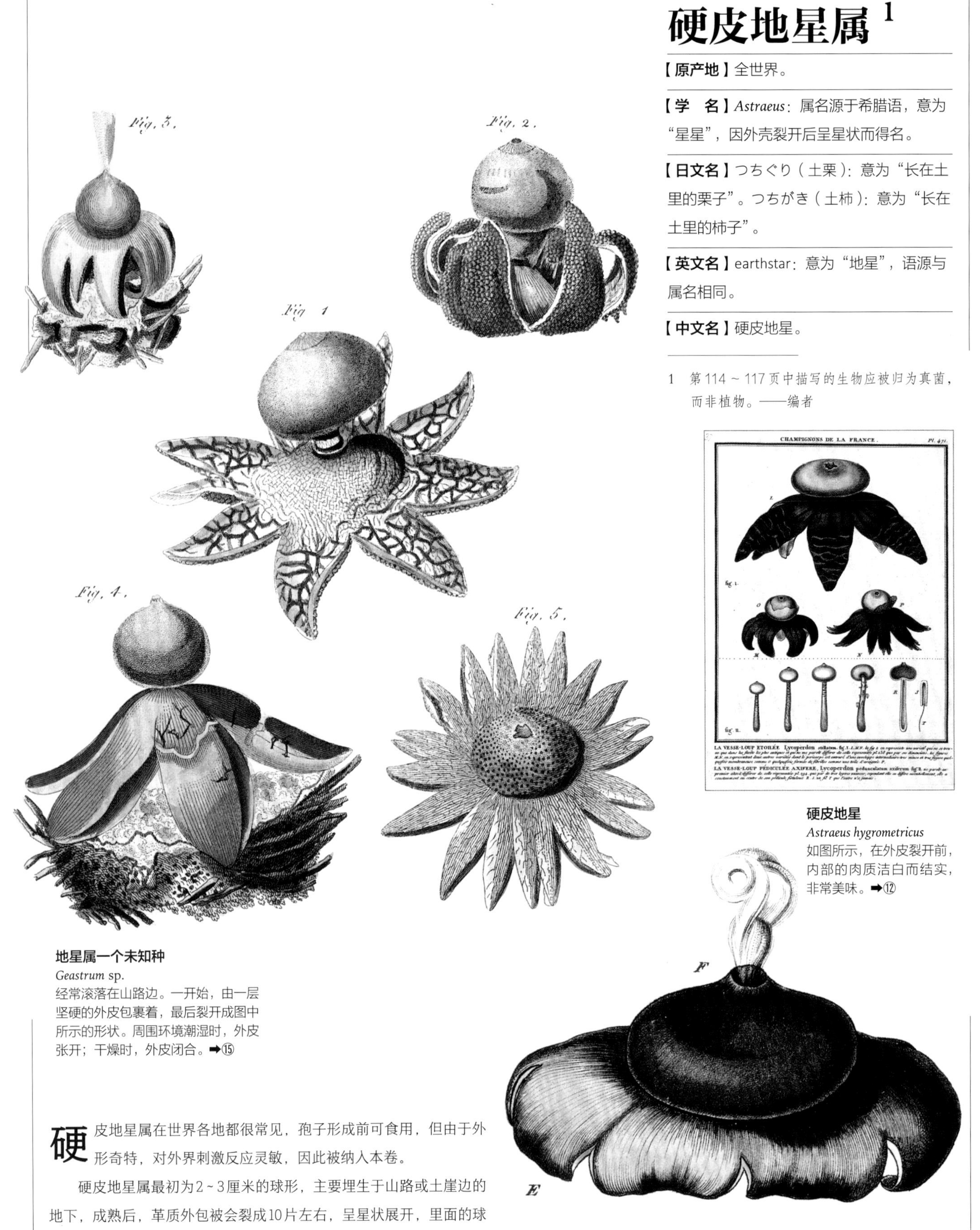


硬皮地星
*Astraeus hygrometricus*
如图所示，在外皮裂开前，内部的肉质洁白而结实，非常美味。➡⑫

地星属一个未知种
*Geastrum* sp.
经常滚落在山路边。一开始，由一层坚硬的外皮包裹着，最后裂开成图中所示的形状。周围环境潮湿时，外皮张开；干燥时，外皮闭合。➡⑮

硬皮地星
*Astraeus hygrometricus*
会喷出孢子，就像吐烟雾一样，为其奇特的外形增添一丝恐怖的气息。➡⑫

硬皮地星属在世界各地都很常见，孢子形成前可食用，但由于外形奇特，对外界刺激反应灵敏，因此被纳入本卷。

硬皮地星属最初为2～3厘米的球形，主要埋生于山路或土崖边的地下，成熟后，革质外包被会裂成10片左右，呈星状展开，里面的球形内包被便会露出。

当内包受到来自外界的刺激时，顶部的小孔会释放孢子，就像烟囱冒烟一样，这一点与网纹马勃（*Lycoperdon perlatum*）相似。在自然状态下，厚厚的星形外包被在干燥时会向内包卷曲，孢子便会在这种刺激下被释放，但这种说法真假难辨。

# 马勃属

【原产地】全世界。

【学　名】*Lycoperdon*：属名源于希腊语，意为“狼的屁”。

【日文名】おにふすべ（onifusube）：意为“鬼葫芦”，此为日本产的巨型种的名称。ほこりたけ（埃茸）：因顶部会释放出粉尘般的孢子而得名。

【英文名】puff-ball：意为“会喷射的球”。

【中文名】马勃。

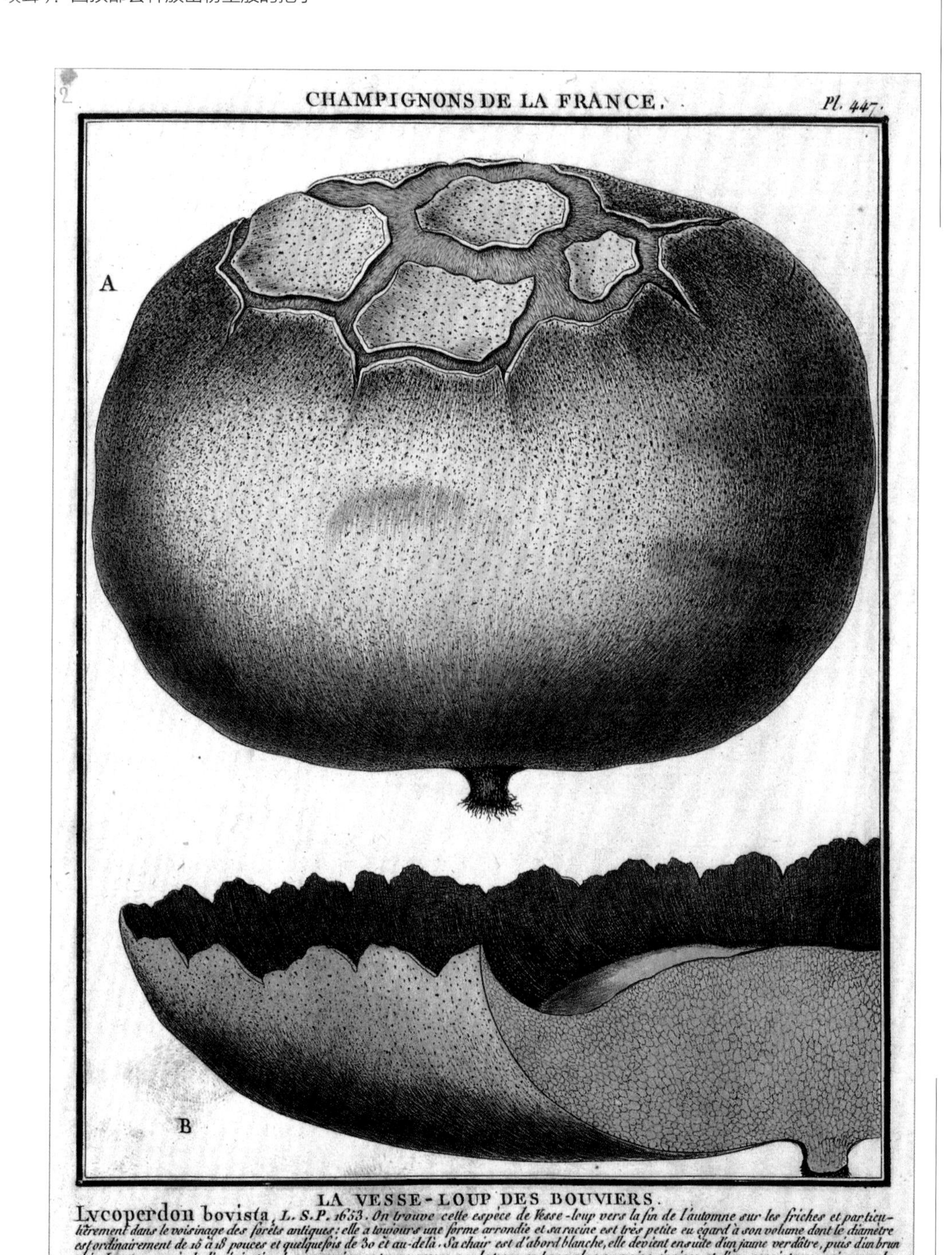

CHAMPIGNONS DE LA FRANCE.
Pl. 447.
A
B
LA VESSE-LOUP DES BOUVIERS.
Lycoperdon bovista, L. S.P. 1653. On trouve cette espèce de Vesse-loup vers la fin de l'automne sur les friches et particulièrement dans le voisinage des forêts antiques: elle a toujours une forme arrondie et sa racine est très petite eu égard à son volume dont le diamètre est ordinairement de 16 à 18 pouces et quelquefois de 30 et au-delà. Sa chair est d'abord blanche, elle devient ensuite d'un jaune verdâtre, puis d'un brun clair. Longtems après la dissémination de sa poussiere on trouve encore sur la terre sa base plus ou moins épaisse et d'une consistance qui approche de celle du Feutre.
N.° B. La fig. A représente cette Vesse-loup dans son moyen âge. On la voit fig. B dans l'état où elle se trouve lorsqu'elle a donné toute sa poussiere.

**毛球壳属一个未知种**
*Lasiosphaera* sp.
这个难以用语言形容的“大包”是一种真菌，外形与欧洲产的马勃相似。➡⑫

马勃属，马勃目马勃科（有些名字中有“马勃”二字的物种被归在了地星科）真菌，分布于世界各地，在日本的山野中较为常见，尤其是在竹林中常有巨型种生长。

马勃属均呈球形，直径20～30厘米，其怪异的外形往往会让走山路的人感到惊异。只要拍打它，褐色的孢子就会像粉尘一样喷出，因此它的日文名为“埃茸”。

民间流传着这样一则逸事：牧野富太郎年少时在山中发现了这种真菌，因深受触动而立志成为一名植物学家。这种真菌在产生孢子前是可以食用的。

# 笼头菌属

【原产地】印度东部、东南亚。

【学　名】*Clathrus*：属名源于希腊语，意为“网状的”。

【日文名】あかかごたけ（赤篭茸）：意为“红色的网球菌（*Ileodicyton* spp.）”。“篭茸”即网球菌，外包被破裂后形成球形的笼状结构，因而得名。

【英文名】sink horn：意为“会散发恶臭的菌”。

【中文名】笼头菌。

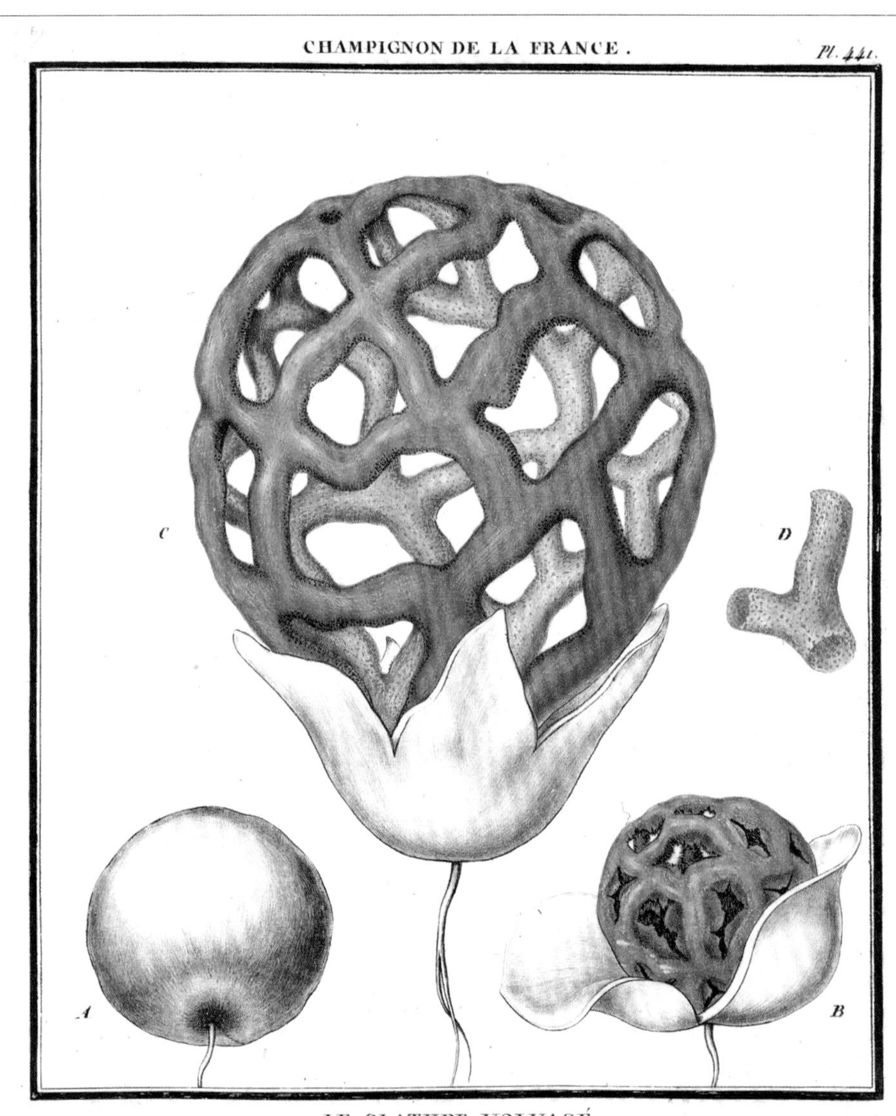


**笼头菌属一个未知种**

*Clathrus* sp.

原产于法国，与生长在日本山林和花园里的网球菌关系密切。网状的结构加上鲜红的颜色让人不禁联想到大脑，十分奇妙。➡⑫

笼头菌属，鬼笔目鬼笔科真菌，与形似阴茎的白鬼笔（*Phallus impudicus*），以及形似日本虚无僧、有网格状菌盖的长裙竹荪（*Phallus indusiatus*）存在亲缘关系。在千奇百怪的菌类世界中，笼头菌属因其奇特的外形一直吸引着人们的目光。

形态奇特的菌类还有很多。例如，白网球菌（*Ileodictyon gracile*）和笼头菌属的外包被破损后都会露出粗的网状球形菌体。双柱头笼头菌（*Clathrus bicolumnatus*）在日本被叫作“蟹爪茸”，如其名，其形态像极了螃蟹的钳子。纺锤状三叉鬼笔（*Pseudocolus fusiformis*）有3个“钳子”，与密宗的法器三股（钴）杵十分相似，因此在日本称其为“三钴茸”。“鱿鱼菇”星头鬼笔（*Aseroe arachnoidea*）有许多“分枝”从白茎的顶端伸出，水平伸展，看起来就像倒立的鱿鱼。

这些菌类都很罕见，除了形态奇特外，它们还会散发恶臭，因此格外引人注目。

# 乳牛肝菌属

【原产地】北半球温带地区。

【学　名】*Suillus*：属名源于拉丁语，意为“猪”，或因其为猪所喜欢的食物而得名。

【日文名】いぐち（猪口）：乳牛肝菌属所有真菌及其亲缘种的总称，语源不详。あみたけ（網茸）：菌盖背面有许多小坑，乍看之下像一张网，因而得名。

【英文名】suillus：源于学名。

【中文名】乳牛肝菌。

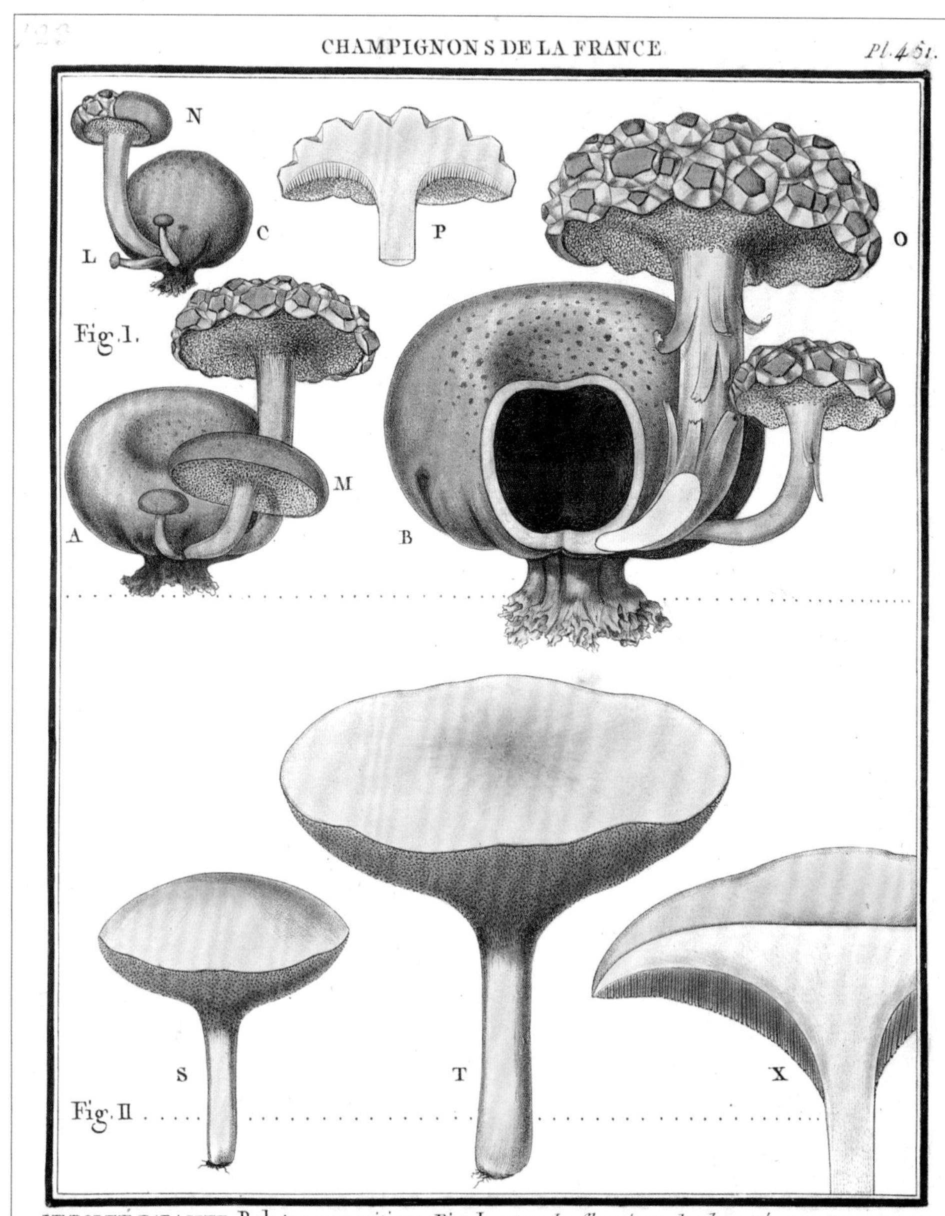

CHAMPIGNONS DE LA FRANCE
Pl. 451.
N
C
L
P
O
Fig. I.
M
A
B
S
T
X
Fig. II
LE BOLET PARASITE Boletus parasiticus: Fig. I. est un des Champignons les plus curieux que nous ayons en France : il se trouve communément vers la fin de l'Automne en Provence et dans la Lorraine ; il est au contraire fort rare aux environs de Paris, cependant plusieurs per. l'y ont trouvé, notamment M.M. Thuilier et Leré : il est un de ceux dont les tubes peuvent être facilement séparés de la chair et ne change pas de couleur quand on l'entame.
LE BOLET POIVRE Boletus piperatus: Fig. II. se trouve dans nos bois en Automne ; ses tubes sont constamment rouges. Il a sa chair ferme, d'un goût un peu poivré ou piquant comme le Radis. Il ne change pas de couleur quand on


**乳牛肝菌属一个未知种**
*Suillus* sp.
无法根据插图辨认其具体物种，但可以肯定它是乳牛肝菌属的一员。它是寄生在菌类上的真菌，十分罕见。➡⑫

在日本，“乳牛肝菌”用来代指担子菌纲牛肝菌目乳牛肝菌科所有的真菌（下文沿用这种说法）。自然生长于日本的乳牛肝菌有12属约70种，其中最具代表性的是黏盖乳牛肝菌（*Suillus bovinus*）、褐环乳牛肝菌（*Suillus luteus*）和美味牛肝菌（*Boletus edulis*）。乳牛肝菌几乎无毒，大部分都可以食用。在欧洲，乳牛肝菌也是非常珍贵的食用菌，是餐桌上的“常客”。

所有乳牛肝菌都会在树根上形成菌根并与树木共生，不同的乳牛肝菌会寄生在不同的树上。甚至有些奇特的菌类会寄生在其他菌类上，这种情况在生态学上也是极其罕见的。菌类自身不能产生营养，却还能被其他菌类寄生，这真是太神奇了。

Fig. 4.
Fig.3
Fig.1.

# 鹿角蕨属

【原产地】热带美洲、澳大利亚。

【学　名】*Platycerium*：属名源于希腊语，意为“平坦的角”，语源与日文名相同。

【日文名】びかくしだ（麋角羊歯）：意为“鹿角羊齿”，因其可育叶酷似鹿角而得名，其中“羊齿”指蕨类植物。

【英文名】elkhornfern、staghornfern：均有“鹿角蕨”之意。

【中文名】鹿角蕨。

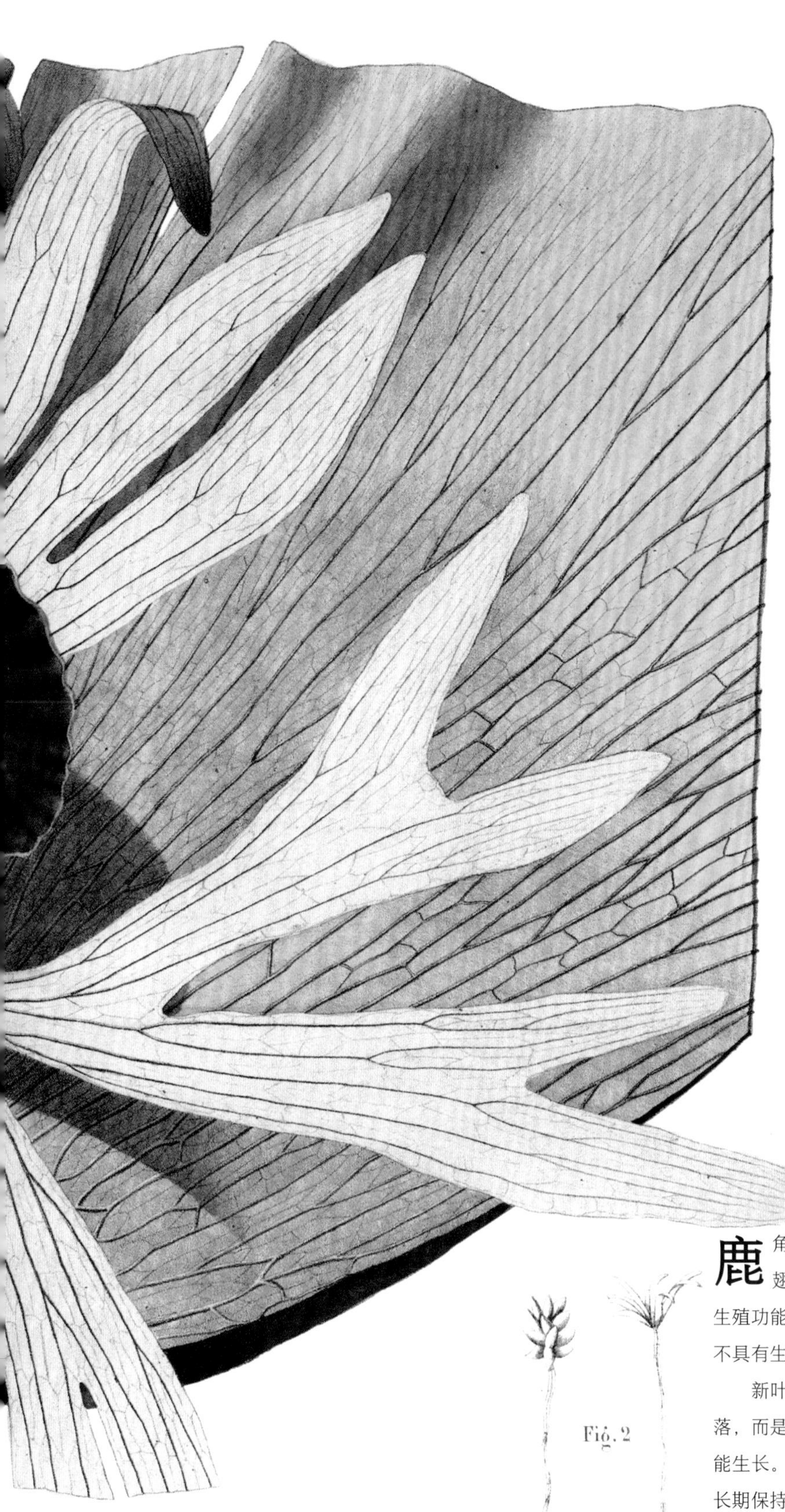


**皇冠鹿角蕨**
*Platycerium coronarium*
*Platycerium biforme*（异名）。这种外形奇特的蕨类植物现在已成为植物园的热带温室中不可或缺的部分。➡⑭

鹿角蕨属是鹿角蕨科附生蕨类植物。其被比作“鹿角”或“蝙蝠翅膀”的叶片是细小、叉状分枝的可育叶（产生孢子囊、具有生殖功能的叶）。除此之外，它还有宽大的不育叶（仅具有光合作用，不具有生殖功能的叶），不育叶呈纸质，紧紧地贴在所附着的植物上。

新叶在不育叶之上陆续长出，不育叶逐渐枯萎、腐烂，但不会脱落，而是作为腐叶土支持新叶的生长，只需要雨水，腐叶土中的根便能生长。不育叶在生长结束后会立即枯萎、变为褐色，而可育叶则会长期保持绿色。

由于独特的形态，鹿角蕨属作为温室植物而备受人们青睐，有许多园艺栽培品种。在新宿御苑等植物园的大型温室中，它常用来营造热带的氛围。

英国植物猎人G. 卡里（G. Cary）是第一个将这种奇特的蕨类植物引入欧洲的人。

在雨季，由于不育叶上会积水，所以鹿角蕨属成了传播疟疾的蚊子幼虫的温床。斐迪南·德·雷赛布（Ferdinand de Lesseps）主持修建巴拿马运河时，工人们饱受疟疾和黄热病之苦，于是斐迪南专门雇用劳工来清除丛林中的这种植物。

# 瓶子草属

**【原产地】**北美洲。

**【学　名】***Sarracenia*：属名源于17世纪法裔加拿大医生米歇尔·萨拉金（Michel Sarrazin）的名字。

**【日文名】**へいしそう（瓶子草）：因叶片像酒瓶而得名。さらせにあ（sarasenia）：属名的英文音译。

**【英文名】**pitcher plant：意为“水瓶植物”，因捕虫的叶片像水瓶而得名。

**【中文名】**瓶子草：可能与日文名、英文名同源。

**黄瓶子草**
*Sarracenia flava*
瓶子草属是与猪笼草属（*Nepenthes* spp.）齐名的珍奇植物，二者均以设置陷阱的方式捕获昆虫，外形相当奇特。➡⑱

瓶子草属，食虫植物，自然生长于北美洲（如北卡罗来纳州、佛罗里达州）的沼泽或湿草原等地区，有着十分神奇的叶片。

水瓶形叶片的底部贮存着液体，昆虫被这些液体吸引而来，并飞入“瓶”中。昆虫进入“瓶”后，“瓶口”的盖子会合上。由于光线无法进入，半透明的内壁较为明亮，昆虫会争先恐后地往明亮的内壁上飞，飞累了之后就会掉进液体里。“瓶口”四周非常滑，昆虫即使能飞到这里也会滑落下去。此外，叶片内侧密布倒立的刺毛，这也让昆虫很难爬出。至此，困在里面的昆虫会被酶和细菌分解、消化。

据说，这种植物在气候潮湿的牧场上生长旺盛，因为食草家畜完全不吃它。林奈也知道这种植物，但他认为其叶片只是小鸟的“天然饮水池”。直到大约300年前，瑞士博物学家保罗·萨拉辛（Paul Sarasin）才发现这是一种食虫植物。

# 捕蝇草属

【原产地】北美洲。

【学　名】*Dionaea*：属名源于古希腊神话中的美神阿佛洛狄忒的母亲狄俄涅（Dione，意为女神）的名字。叶片的裂片在受到刺激时会立刻闭合，犹如娇羞的女神，因而得名。

【日文名】はえじごく（蠅地獄）：食虫植物，主要捕食苍蝇，因而得名。

【英文名】venus's fly-trap：意为“美神维纳斯的捕蝇器”，与日文名及属名的来源有关。

【中文名】捕蝇草：意为“能捕捉苍蝇的草”。

**捕蝇草**
*Dionaea muscipula*
一种奇异的植物，被誉为“世界上最神奇的植物”。对称的叶片像夹子一样，能捕捉昆虫。➡⑱

捕蝇草属，神奇的食虫植物，原产于美国北卡罗来纳州松树林的湿地中。捕蝇草属花茎细长，无叶，末端会开数朵白色的大花；有根生叶，上面有两枚贝壳状的叶片。一旦昆虫进入叶片内侧，叶片边缘的刺就会咬合形成密闭空间。从叶片感知到昆虫到叶片开始闭合仅需要0.1秒，再到叶片完全闭合大约需要0.5秒。虽然本属的名字中有“捕蝇”二字，但本属捕捉到的更多是爬虫和蜘蛛。猎物被完全消化大约需要10天。叶片在捕捉到并消化猎物2～3次后就会“光荣退役”，枯萎死亡。在食虫植物中，本属的捕食方式是最具进攻性的。

捕蝇草属喜欢阳光，也需要水分，因此多自然生长在潮湿的泥炭藓（*Sphagnum plalustre*）上。

“进化论之父”达尔文称其为“世界上最奇特的植物”。在众多的食虫植物中，能动起来捕捉昆虫的，除本属外还有貉藻（*Aldrovanda vesiculosa*）。

# 猪笼草属

【原产地】东南亚。

【学　名】*Nepenthes*：属名源于希腊语，意为“从痛苦中解脱”。一种说法是因为其有药用价值，另一种说法是因为其捕虫囊中的液体被视为毒药。

【日文名】うつぼかずら（靫葛）：“靫”指装箭的袋子，“葛”指藤蔓植物，因叶片与箭袋相似而得名。

【英文名】pitcher plant：意为“水瓶植物”，因将捕虫囊比作水瓶而得名。

【中文名】猪笼草：因捕虫笼呈圆筒形，形状像猪笼而得名。

**裸瓶猪笼草**
*Nepenthes gymnamphora*
分布于苏门答腊岛和爪哇。茎缠绕着树，长度可达40米。➡⑧

**小猪笼草**
*Nepenthes gracilis*
容易栽种，藤蔓一般长2~6米。这幅插图出自莱顿博物馆首任馆长康拉德·雅各·特明克（Coenraad Jacob Temminck）所著的博物图书。➡⑧

猪笼草属是原产于东南亚的食虫植物。叶片进化成独特的“捕虫袋”以捕食昆虫，并通过袋内的消化液分解昆虫，从而获得营养。甜美的花蜜能吸引昆虫，一旦捕捉到昆虫，花蜜就会立刻变成恶臭的消化液。生长于婆罗洲的一些物种拥有巨型“捕虫袋”，甚至可以捕捉小型哺乳动物和鸟类。

19世纪下半叶，对珍奇植物的狂热席卷了包括英国在内的整个欧洲，而食虫植物的出现更是将这股热潮推至顶峰。植物捕食动物的奇特现象引发了人们对食人植物的幻想，邱园里挤满了好奇的民众，他们都想一睹这些植物的风采。

达尔文的友人阿尔弗雷德·拉塞尔·华莱士也提出了自然选择理论，但他的成就被达尔文的光环掩盖。一次，在马来半岛探险时，华莱士携带的饮用水都被喝光了，他不得不在去除了昆虫后喝下猪笼草属“捕虫袋”中的“水”，即消化液。它的味道似乎还不错，带有一丝酸味。据说，东南亚的居民在因消化不良而胃部不适时，会喝下这种植物的消化液。

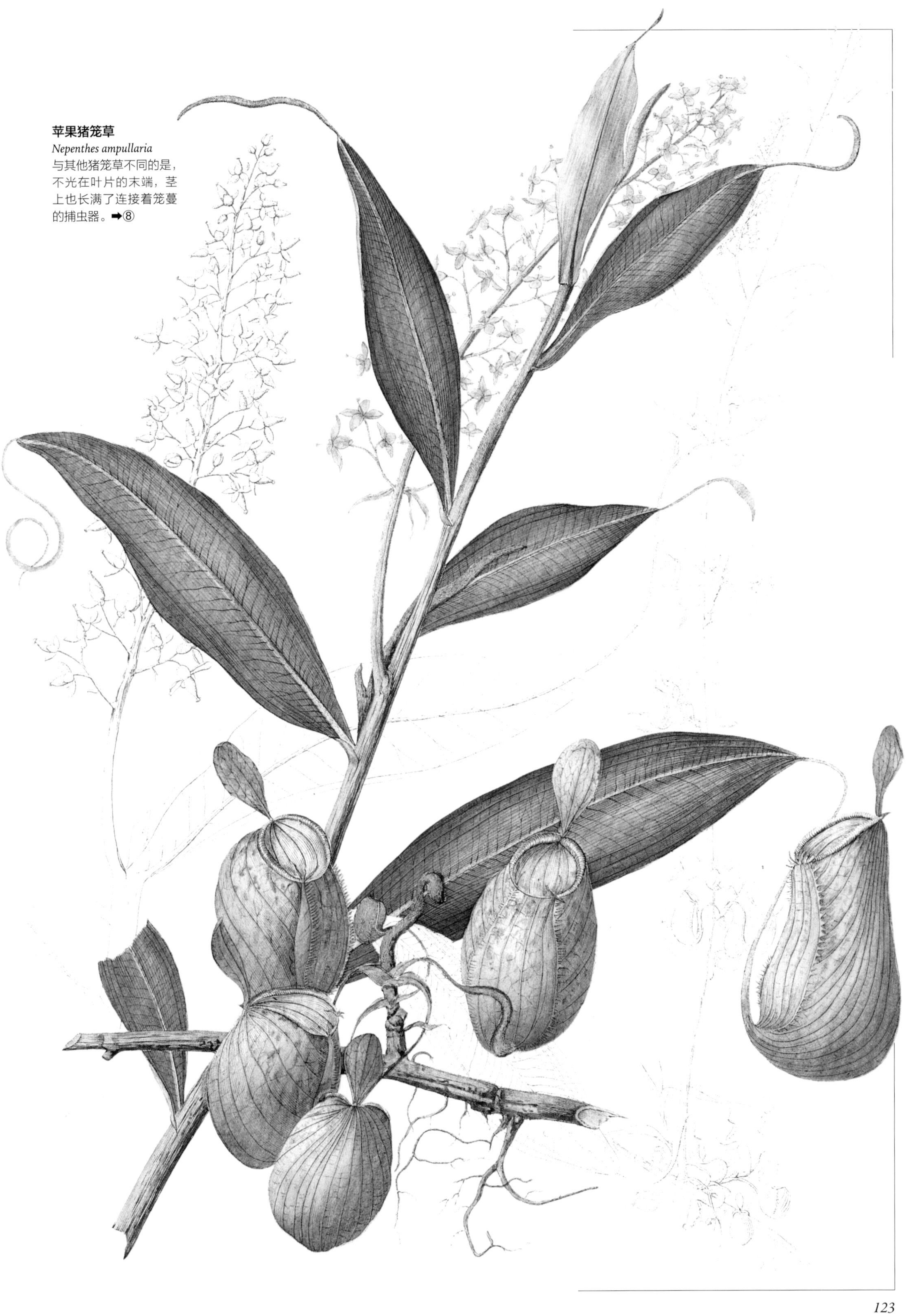

**苹果猪笼草**

*Nepenthes ampullaria*

与其他猪笼草不同的是，不光在叶片的末端，茎上也长满了连接着笼蔓的捕虫器。➡⑧

# 捕虫堇属

【原产地】北半球、南美洲西部。

【学　名】*Pinguicula*：属名源于拉丁语，意为“油性的”，因叶片看起来黏糊糊的而得名。

【日文名】むしとりすみれ（虫取菫）：因其能捕虫，开出的花与东北堇菜（*Viola mandshurica*）相似，因而得名。

【英文名】butterwort：意为“黄油草”，或与属名同源。

【中文名】捕虫堇：与日文名同源。

**大花捕虫堇**
*Pinguicula grandiflora*
这种美丽的植物常常被栽种于温室中。光从外形上看，很难想象它以昆虫为食。花梗长，因此也被称为“长腿捕虫堇”。➡㉓

捕虫堇属是多年生食虫植物，分布于北半球至南美洲。其花与堇菜属（*Vilola* spp.）相似，但捕虫堇属属于狸藻科，两者不存在亲缘关系。

捕虫堇属的捕虫部位是其宽大的舌状叶片。叶片上有腺毛，腺毛能分泌黏液珠，被黏液珠粘住的昆虫绝对无法逃脱。如果用针尖戳一下黏液珠，可以拉出一条40厘米长的黏糊糊的丝。

达尔文曾经对这种植物进行观察。他观察到，在其39枚叶片中有32枚叶片都捕捉到了虫子，而被粘住的昆虫总数更是达到了142只。不仅仅是昆虫，无论是种子还是沙粒，捕虫堇属都“来者不拒”，落在叶片上的任何东西都会被粘住。大约30分钟后，叶片开始分泌强酸性消化液，叶片上的纤毛不会运动，但叶片能像舌头一样卷起，形成一个消化液池。昆虫完全被消化吸收后，只留下黑色的残渣。

# 含羞草属

【原产地】美洲热带地区。

【学　名】*Mimosa*：属名源于希腊语，意为“模仿”。此属某种的叶片十分敏感，只要一枚叶片受到外界的刺激，其他叶片就都会跟着动起来，因此得名。

【日文名】おじぎそう（お辞儀草）：意为“一触碰就鞠躬的草”。（“辞儀”指“鞠躬”。）

【英文名】mimosa：源于属名。sensitive plant：意为“敏感植物”。

【中文名】含羞草：意为“羞怯腼腆的草”。

**含羞草**
*Mimosa pudica*
在受到刺激时会折叠叶片和小枝。比含羞草反应更迅速的植物是能弹射出种子的植物，如凤仙花（*Impatiens balsamina*）和酢浆草（*Oxalis corniculata*）等。➡⑩

含羞草属，多年生草本植物，原产于美洲热带地区，因叶片一被触碰就会闭合而被称为“感知植物”。

与其他豆科植物一样，其复叶会在夜间闭合，在其他时间段里，对外界的刺激（如振动、接触、高温和氨气等）十分敏感且反应迅速。人们对其充满了好奇，许多家庭都会种植这种植物。在夏季，受刺激后闭合的叶片会在5分钟内复原。

含羞草属为“*Mimosa*”，合欢（*Albizia julibrissin*）的英文名之一为“mimosa tree”，而相思树（*Acacia*）的日文名为“ミモザ（mimoza）”，注意三者不要混淆。

18世纪法国生物学家拉马克有一本重要的著作《动物哲学》（*Philosophie zoologique*），他在书中以有无感觉受体来区分动物和植物。于是，关于含羞草属的问题出现了。拉马克认为，豆科的体液具有弹性，弹性的丧失会导致叶片在被接触时闭合。现在，人们普遍认为其叶片之所以能合拢，是因为叶片具有“膨压作用”。

# 野菰属

【原产地】亚洲热带和亚热带地区。

【学　名】*Aeginetia*：属名源于希腊语，意为“狩猎用的枪”，也有说法认为源于7世纪时的希腊医生保罗（Paul of Aegina）的名字。

【日文名】なんばんぎせる（南蛮煙管）：因外形与烟管相似而得名。

【英文名】aeginetia：源于属名。

【中文名】野菰。

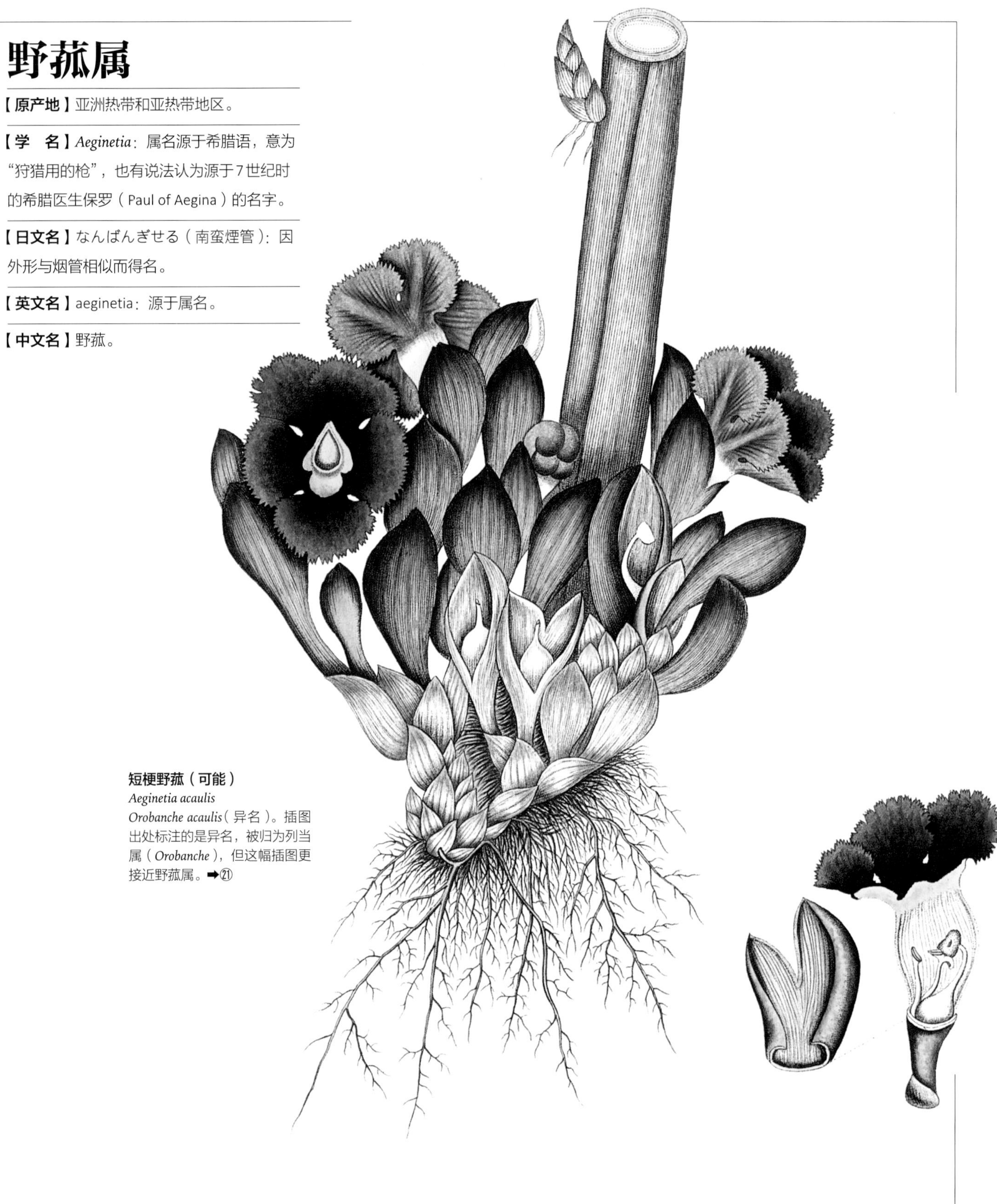

**短梗野菰（可能）**
*Aeginetia acaulis*
*Orobanche acaulis*（异名）。插图出处标注的是异名，被归为列当属（*Orobanche*），但这幅插图更接近野菰属。➡㉑

野菰属，列当科寄生草本植物，有多种，主要分布于亚洲热带和亚热带地区。

日本的物种生长在低山（海拔500～1000米）的草地中，寄生于芒（*Miscanthus sinensis*）和姜（*Zingiber officinale*）等植物的根部。其外形酷似烟管，因此日文名为“南蛮煙管”。日本的《万叶集》中就出现了野菰属，名为“思草”。

在秋季，其短茎上会长出15～30厘米长的花梗，花梗末端横向开出长长的、美丽的粉色筒状花朵。

# 坛花兰属

【原产地】亚洲热带地区。

【学　名】*Acanthephippium*：属名源于希腊语，意为"有刺的马鞍"，因花的唇瓣形似马鞍而得名。

【日文名】たいわんしょうきらん（台湾鍾馗蘭）：意为"中国台湾的钟馗兰"。

【英文名】acanthephippium：源于属名。

【中文名】坛花兰。

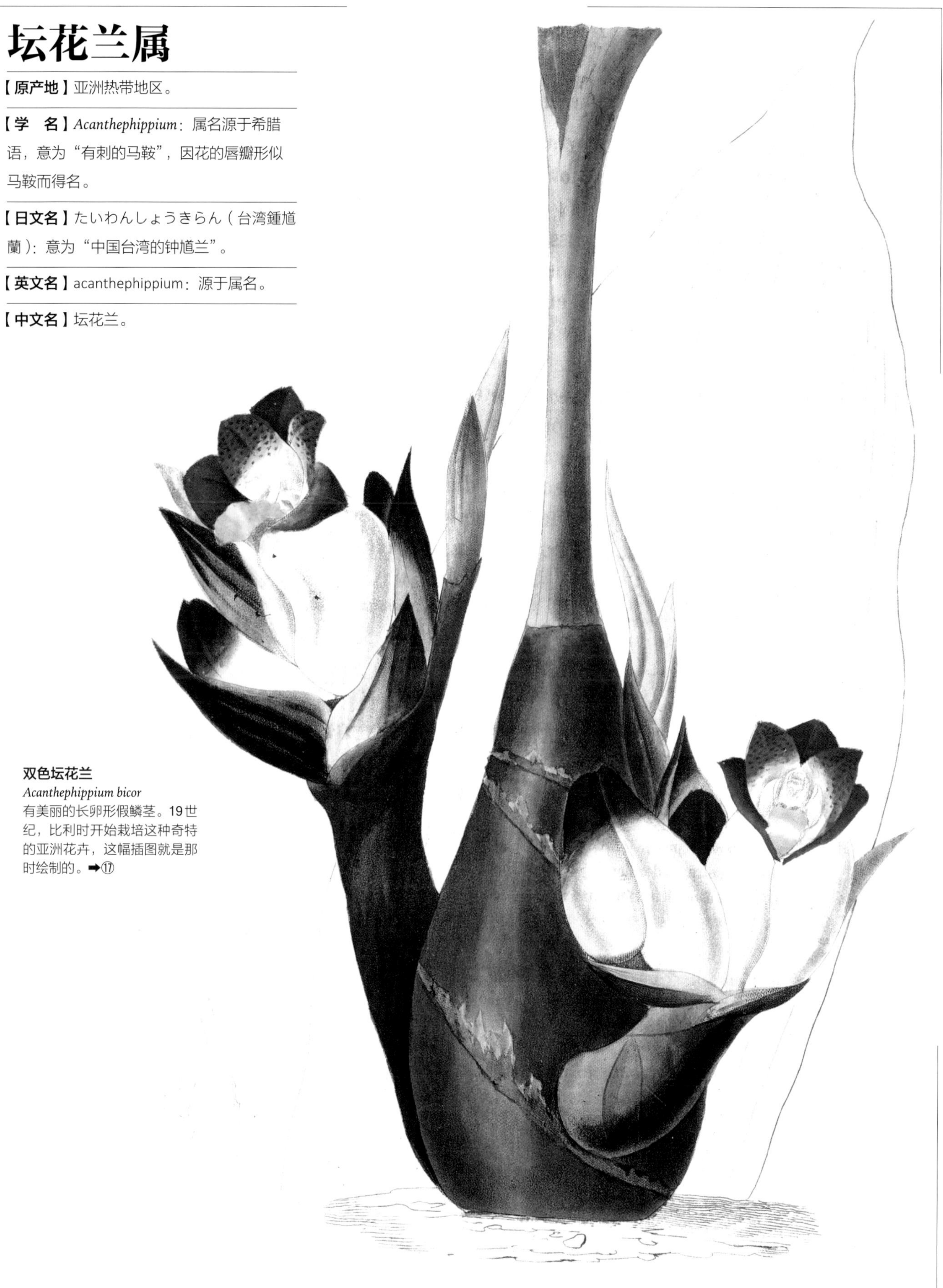

**双色坛花兰**
*Acanthephippium bicor*
有美丽的长卵形假鳞茎。19世纪，比利时开始栽培这种奇特的亚洲花卉，这幅插图就是那时绘制的。➡⑰

坛花兰属，兰科常绿多年生草本植物，分布于亚洲热带地区至太平洋地区，有一长卵形或棒状的假鳞茎，顶端有数片叶子。

值得一提的是，兰科有一个与众不同的特点，那就是其根组织内生存有兰菌。兰科中一些物种必须依赖兰菌才能发芽成活，比如宽距兰（*Yoania japonica*）、天麻（*Gastrodia elata*）、盂兰（*Lecanorchis japonica*）及血红肉果兰（*Cyrtosia septentrionalis*）等。这些植物与莱佛士猪笼草（*Nepenthes rafflesiana*）等食虫植物、野菰（*Aeginetia indica*）等寄生植物一样，都是与众不同的植物。

# 天地庭园巡游

出自德国植物学家路德维希·卡尔·格奥尔格·菲佛（Ludwig Karl Georg Pfeiffer）与克里斯托弗·弗里德里希·奥托（Christoph Friedrich Otto）合著的《开花仙人掌图册》（*Abbildung und Beschreibung blühnder Cacteen*，1838—1850年）。该书与奥古斯丁·彼拉姆斯·德堪多（Augustin Pyramus de Candolle）的《肉质植物历史》（*Plantarum succulentarum historia*）都是19世纪首屈一指的彩色仙人掌图册。自16世纪以来，仙人掌一直是欧洲人喜爱的珍奇植物代表，常被种植于温室中。

林奈提出的花钟：用植物开花的时间组成时钟，来表示一天的24小时。这一设想虽然未能实现，但为他后来对植物昼夜节律的研究奠定了重要的基础。

## 札幌农学院的植物园

**威廉·克拉克在日本北部种植热带植物的梦想。**

札幌农学院（北海道大学的前身）的植物园是北海道第一座植物园。札幌农学院成立于明治九年（1876 年），以此为契机，日本北部的农业开发计划正式启动。北海道开拓使（负责北海道开发事业的政府机构）计划在现在的北海道厅东侧建一座牧羊场。当时，那里长满了茂密的榆树、五角槭和大落叶栎树等大乔木。

不过，牧羊场的计划最终没有实施。1884年，当时已经修建的开拓使博物馆以及这块土地被移交给了札幌农学院，用于建设植物园。

时任札幌农学院副校长的威廉·克拉克（William Clark）在参观了伦敦的邱园后，坚信在日本北部也能种植热带植物，于是立志在北海道建造一座带有大型温室的植物园。最终，他的愿望随着这座植物园的建成得以实现。克拉克在任教时曾留下“Boys, be ambitious!”（少年要胸怀大志！）的名言，至今它仍是北海道大学的校训。

1886年，在第一任园长宫部金吾的筹划下，植物园正式开园。园内有一片蓄满水的人工湖——幽庭湖，其中种植了水芭蕉等湿地植物。

另外，1876年，受雇于开拓使的外国专家路易斯·博赫默（Louis Boehmer）建造了一座标准的西式温室，这座温室后被迁入植物园。这是一座利用地暖系统（原理类似火炕）的温室，栽培了兰花等珍奇的异国植物。克拉克博士希望在北海道种植美丽的南美植物王莲，并强调要进一步充实这个温室。

得益于现代化发展，温室技术突飞猛进，克拉克博士的梦想实现了。就在本书写成不久前（20世纪末），人们还能在北海道一睹王莲的美丽容颜。遗憾的是，这些王莲现在已经枯死，人们很难再见到了。

整个植物园约1/2的面积都种植着高大的乔木。夏季至秋季，树木枝叶繁茂，从高处俯瞰，整个植物园就像一片茂密的森林。

位于植物园西南的玫瑰园。以长方形的睡莲池为中心，池子的南面有一排排藤本玫瑰，灌木玫瑰则在绿植的包围中茂盛地生长着。

## 田园城市

**城市功能与绿化相结合，现代城市规划理念的先驱。**

将大片绿带作为整体环境，在其内部打造健康的住宅区——在这种想法下孕育而生的就是“田园城市”，这一设计理念旨在建设类似世外桃源的城市。

第一个提出“田园都市”理念的人是出生于伦敦的城市学家埃比尼泽·霍华德。他的理念最初受到了美国景观设计师弗雷德里克·劳·奥姆斯特德（Frederick Law Olmsted）的“城市公园”的影响。奥姆斯特德曾设计过著名的纽约中央公园等。

不过，霍华德更向往乌托邦。他认为，都市是产业的中枢，田园是健康生活的场所，人们可以打造一座城市，将二者的优势结合起来。霍华德于1898年出版了著作《明日：真正改革的和平之路》（*To-Morrow: A Peaceful Path to Real Reform*），本书后更名为《明日的田园城市》（*Garden Cities of To-morrow*）。

之后，霍华德积极致力于将他的提案付诸实践。他于1902年创立了田园都市开发公司（Garden City Pioneer Company），并在伦敦郊区的莱奇沃思和韦林建造了田园城市。

霍华德的田园城市使许多国家都产生了建设类似的新式高级住宅区的构想，并成为城市功能与绿化相结合的现代城市规划理念的先驱。在日本，东京郊外的田园调布（东京的高级住宅区）等就是基于霍华德理念的城市发展范例。

埃比尼泽·霍华德构思的田园城市的结构图。中心城市与其周边的关系一目了然。

## 偕乐园

**集舒适性和实用性于一体，烈公德川齐昭创建的庭园。**

江户时代末期建造的名园，位于茨城县水户市，天保十三年（1842年）由水户藩主烈公德川齐昭下令建造。这座庭园建在视野开阔的高地上，曾种植了150种共约1万株梅树。

庭园的名称来源于德川齐昭曾说过的一句话：“与民众偕乐，才能尽其乐，所以我建造这座庭园。”

在历史上，德川齐昭以倡导海防而闻名。这座庭园的设计也体现了他独有的军事风格：庭园的广场可以用来进行军事训练，园内的梅树结果后可以用来制作梅干并作为食物长期保存。一旦城池陷落遭遇围困，梅干便可以用来应急。

偕乐园集舒适性和实用性于一体，主园面积约13.8公顷，是一座远近闻名的庭园。这里三季花开，春天有梅花，初夏有杜鹃，秋天有菊花。

（对页下图）田园城市的设计风格多种多样，既有古典主义风格，也有中世纪风格。这幅插图为英国汉普斯特得的乡村庭园。

下图为位于高地的偕乐园，能将千波湖的美景尽收眼底。其中曾种植了150种共约1万株梅树，现在约有60种，共约3000株梅树。

诺艾尔·勒米尔（Noël Le Mire）的铜版画，名为《本草学家卢梭》，原画来自法国画家让-雅克-弗朗索瓦·勒巴尔比尔（Jean-Jacques-François Le Barbier）。这幅铜版画展示了卢梭出门采集植物的场景。

## 让－雅克·卢梭的森林

**让爱好植物学的思想家获得心灵慰藉的地方。**

让-雅克·卢梭提出“社会契约论”和“自然主义”，为法国大革命吹响了号角，这也使得他晚年受到迫害，甚至先后被驱逐出巴黎和日内瓦，据说他因此患上了严重的精神疾病。

不过，正如他在《忏悔录》中写道，他非常喜欢植物学，也许会成为一名伟大的植物学家。1762年，在《爱弥儿》被巴黎当局视为禁书后，卢梭逃离巴黎前往瑞士，在逃亡途中一直被追捕，最终逃到了纳沙泰尔。当地园丁种植的奇异植物并没有打动卢梭，反而是那里郁郁葱葱的森林和田野让他获得了心灵的慰藉。

卢梭相信，植物学的乐趣在于山野间。纳沙泰尔的森林和田野中遍开野花，他每天都去野外采集植物，以此慰藉自己孤独的心灵。在这安静幸福但短暂的时光中，他写下了多部植物学作品。这些作品后来结集成册，以《卢梭植物学》（*La Botanique de J. J. Rousseau*）为名出版，并长期作为巴黎女性的植物学入门读物。

晚年的卢梭的经历更为传奇。法国小说家尼古拉·埃德姆·雷蒂夫（Nicolas Edme Restif）在他的怪书《发现南半球》（*La Découverte australe*，1781年）中写道，传说卢梭逃到了南半球，这是一个所有生物都自然生活的理想世界，他在一座与世隔绝的小岛上的奇妙花园中尽情享受着植物学给他带来的乐趣。

## 六义园

**极尽奢华的地标性庭园，收集了全日本的名石。**

六义园位于东京都文京区本驹込，是一座体现了江户庭园风格的回游式庭园，占地约9公顷。

六义园内蓄水池的水源来自千川上水（江户时代的一条灌溉渠，现不再使用），池中有两座岛。站在北边大岛的山顶上可以清楚地看到园内蓄水池的全景，连远处的富士山和筑波山也能尽收眼底。

出自《特拉德斯坎特的果树园》（*Tradescant's Orchard*，1611年），插图名为《五月的樱桃》。整幅图描绘了花园中的景色，图中还有昆虫和蜗牛。

这里曾是德川幕府第五代将军德川纲吉的近侍柳泽吉保的宅邸，元禄八年（1695年），德川纲吉将这块土地赐给柳泽吉保。柳泽吉保花了7年时间建成这座庭园。

柳泽吉保自称，这座庭园是根据《古今和歌集》序言中提到的“和歌六义”（和歌的6种诗歌体）命名的。为了呼应这个名字，园内建造了88个景观，它们能让人联想到和歌中歌咏过的名胜。这座庭园极尽奢华，中央有一大型蓄水池，池中有人工岛。整座庭园由来自日本各地的石材建造而成，是江户时代最著名的地标之一。明治时代，六义园成为富商岩崎弥太郎的财产，如今是东京都立公园。

## 特拉德斯坎特方舟

**拥有智慧的奇迹，堪称“自然殿堂”的植物园。**

约翰·特拉德斯坎特父子是17世纪英国最伟大的植物学家，他们曾是索尔兹伯里勋爵（Lord Salisbury）和查理一世的园丁，为收集植物而四处旅行。

17世纪20年代末，父子俩在伦敦的兰贝斯购入一栋大房子，并在那里建造了一座温室和植物园。这座集合了众多珍奇植物的宅邸成了一个大型博物学展览中心，在当时被誉为“特拉德斯坎特方舟”。在《圣经》中，诺亚将每种动植物成对地带入方舟，使它们能够在大洪水退去后繁衍生息。特拉德斯坎特父子将世界各地的珍奇物种带回欧洲培育，这与诺亚方舟的故事不谋而合。值得一提的是，许多植物只在“特拉德斯坎特方舟”中才能见到，如北美鹅掌楸（*Liriodendron tulipifera*）、枫树（槭树，*Acer* spp.）和紫菀（*Aster* spp.）等，这些都是小约翰·特拉德斯坎特从美国弗吉尼亚州带回的。

“特拉德斯坎特方舟”不负其名，其中不仅有植物，还有珍奇的鸟类（如渡渡鸟）、昆虫、矿物、贝类和化石，藏品之丰富堪比现代博物馆，是名副其实的“自然殿堂”。

1615年，由艾萨克·德·高斯（Isaac de Caus）为彭布罗克伯爵（Earl of Pembroke）的庄园设计的家庭花园。纳德河的河水斜穿过花园。

W. 罗森（W. Lawson）《全新的果园与花园》（*A new orchard and garden*，1618年）中理想的家庭花园设计图。乡村别墅的四周有植物、喷泉和人造山。

主要由常绿植物组成的荷兰花园（图为英国肯道尔的利文斯庄园）。花园里仿佛充满了绿色植物散发出的“气”。

## 伊丽莎白一世时期的家庭花园

**17世纪上半叶蓬勃发展的贵族社交场所。**

17世纪上半叶，“家庭花园”在英国蓬勃发展。此时，中式园林还未传到英国，强调自然风致的英国庭园风格也尚未确立。

在伊丽莎白一世统治时期（1558—1603年），人们终于从历史悠久的中世纪堡垒生活中逃离，开始享受广阔的开放空间，于是乡村别墅兴盛起来。在景观优美的花园中与家人和朋友一起享受户外时光成为风尚，花园设计应运而生。这正是乡村别墅的魅力所在。

英国乡村别墅的特点是花园中到处都有走廊和楼梯，形成一种立体的景观。花园中央通常有一口名为“世界尽头之泉”或“不老泉”的泉水。园中有以橘树为代表的果树，这些果树排列成一种特殊的造园形式，名为“结纹园”。在伊丽莎白一世统治时期，贵族用于社交的花园其实就是一座巨型花坛。

## 赫尔曼·布尔哈夫的庭园

**超乎想象的荷兰奇迹，一座世外桃源。**

赫尔曼·布尔哈夫是18世纪荷兰最杰出的科学家之一，也是一位对树木情有独钟的植物学爱好者。他在自己的住所里建了一座树园，其中种植了大量常绿植物，包括芦荟和仙人掌。

赫尔曼・布尔哈夫《植物索引》(*Index alter plantarum quae in horto academico Lugduno-Batavo aluntur*, 1710年)中的荷兰莱顿大学植物园的景观图。

由T. 希尔(T. Hill)绘制的低矮树篱迷宫图(1563年)。据说，这里一年四季都郁郁葱葱。

当时，郁金香和其他园艺花卉种植风潮在荷兰已经消退，人们的兴趣转向种植常绿灌木。因此，如今提到的荷兰花园，往往指的是以常绿灌木为中心的花园。

人们普遍相信，绿色植物散发出的“气”有益于健康。布尔哈夫喜欢每天进行一次现在人们所说的“森林浴”。坊间流传着这样一则逸事，布尔哈夫每天都会经过树下，摘下帽子，露出头发稀疏的脑袋，沐浴绿植的精华。

林奈在留学时曾参观过布尔哈夫的树园，并称赞它是“超乎想象的荷兰奇迹，一座世外桃源”。

## 迷宫花园

**让信徒体验朝圣之路上艰辛的花园。**

英国的许多庄园里有迷宫花园，其中最有名的就包括汉普顿宫的迷宫花园等。这些迷宫花园的起源是什么呢?

据说，迷宫可能与古埃及神庙中表示“结界”的地板图案有关。人们认为，迷宫最初可能指的是出入口不明确的通道，后来逐渐变成用迷宫来形成某些具有象征意义的图案。直到现在，所谓的古埃及神庙地下迷宫遗迹仍未被发掘出来。中世纪后，迷宫影响了基督教世界，成为教堂的装饰元素。在宏伟的大教堂中殿的地面上，有一个路径长达数百米的迷宫图案。信徒们会沿着迷宫走到中心，以此体验朝圣之路上的艰辛。

这种地面迷宫作为有趣的装饰也被应用到花园中，即迷宫花园。迷宫花园多用树篱在草地上建造，因此也被称为草地迷宫，它们同样是节日庆祝和娱乐等活动的场所。17世纪末，汉普顿宫建成，其出口前就有一座路径长达800米的大型迷宫花园。

波波利花园的洞窟，洞窟内有雕塑和壁画，中心是米开朗琪罗的《被缚的奴隶》[1]。

依据风水而建的中国庭园。右侧嶙峋的怪石象征山，眼前的池塘象征水。整座庭园充满了象征意义。

1651年仲夏夜的露天表演。花园中央放置着擎天神阿特拉斯的雕像，这是一场豪华的庆祝宴。

## 洞窟花园

**一场在幻想空间中举办的仲夏夜婚礼。**

波波利花园被认为是佛罗伦萨最大的花园，以其别具匠心的洞窟而闻名。

“Grotta”（意大利语：洞窟）是“grotesque”（英语：怪诞）的词源，指的是水冲刷形成的洞窟。在古代，有水的洞窟被视为花园中的圣地，到了文艺复兴时期，象征着圣母马利亚奇迹的圣泉与有水的洞窟“一拍即合”，这使得洞窟作为一种造园艺术形式重新兴起。于是，以意大利为中心，人们开始在大宅邸的花园中建造人工洞窟，并在洞窟内部建造喷泉和摆放雕像，有的洞窟内甚至还会放入会动的玩偶，以营造一种奇异幻想的氛围。

波波利花园是洞窟花园的代表。据说，它是由富可敌国的佛罗伦萨银行家卢卡·皮蒂（Luca Pitti）修建的，后被美第奇家族买下。[2]

1651年仲夏夜，科西莫三世（Cosimo Ⅲ）在波波利花园中举行婚礼，花园里上演了一场别出心裁的露天表演。当时，花园中央放置着一座擎天神阿特拉斯的雕像，其奢华程度可谓空前绝后。

## 风水庭园

**如何打造长生不老的理想乡？**

中国园林的建造多参考风水。“风水”是一种相地、相宅的占卜法，在宋代发展至鼎盛阶段。

---

1　如今花园内的雕塑是复制品。——编者

2　由卢卡·皮蒂出资修建的应该是波波利花园附近的皮蒂宫，皮蒂宫后被美第奇家族购买，波波利花园为皮蒂宫被美第奇家族购买之后修建的私人花园。——编者

位于北京西北的清朝皇家别苑颐和园是一座具有风水格局的大型中国山水园林，包括仁寿殿和乐寿堂在内的主要建筑分布在昆明湖周围。

摆放着15块石头和白沙的龙安寺石庭。它们可以被解读为“中国五岳”“禅宗五山”“大海中的浮岛”“云海中的高峰”或“激流中的岩石”等。

风水学以古代五行相生相克的原理为基础，建立在虚拟生态学的概念之上。其中最为重要的一种技法是将被称为“龙脉”的“气”引入园林，以增强园林的生命力和生产力。“龙脉”通常指的是连绵的山脊。因此，在中式园林中，建山是必不可少的。除了龙脉，园林中还需要引入水，水必须与山相依。水能守住财富和幸福，象征着阴，而山则代表阳。阴阳平衡是花园繁茂的必要条件。

另外，中国园林中还要同时种植代表长寿的松树和代表年轻的芭蕉。

为了避免割断“龙脉”，人们会将围墙特意建造得起伏不平，出入口也被设计成圆形。人们还在墙壁的不同部位开孔，这些孔洞是为了改善“气”的循环。

可以说，依照阴阳五行建造的庭园是世界的缩影，它体现了中国的传统思想，即要打造长生不老的理想乡。

## 龙安寺石庭

**只有石头和沙砾构成的抽象庭园，有各种不同的解读。**

龙安寺石庭被称为世界上最具哲思的庭园之一，是禅意的结晶。它只由石头和沙砾组成，园内没有植物或喷泉。目之所及，心为之通。每位观赏者皆以各自的角度来参悟造园者的深刻蕴意。这是一个极其抽象的庭园。

临济宗妙心寺派（日本临济宗十四支派之一）的龙安寺位于京都市右京区，它是室町时代（1336—1573年）的幕府管领细川胜元建立的禅宗寺庙。前庭面积约250平方米，仅由白沙简单铺成。这里放置了5组共15块石头，各组石头的数量分别为5、2、3、2、3。这些石头的摆放方式有多种解读，如五佛五智、十六罗汉游行或一些禅宗的解读。

不过，据说这座著名庭园的设计，也就是我们今天看到的样子，直到江户时代才最终确定，还有人说园中的石头曾被移动过。

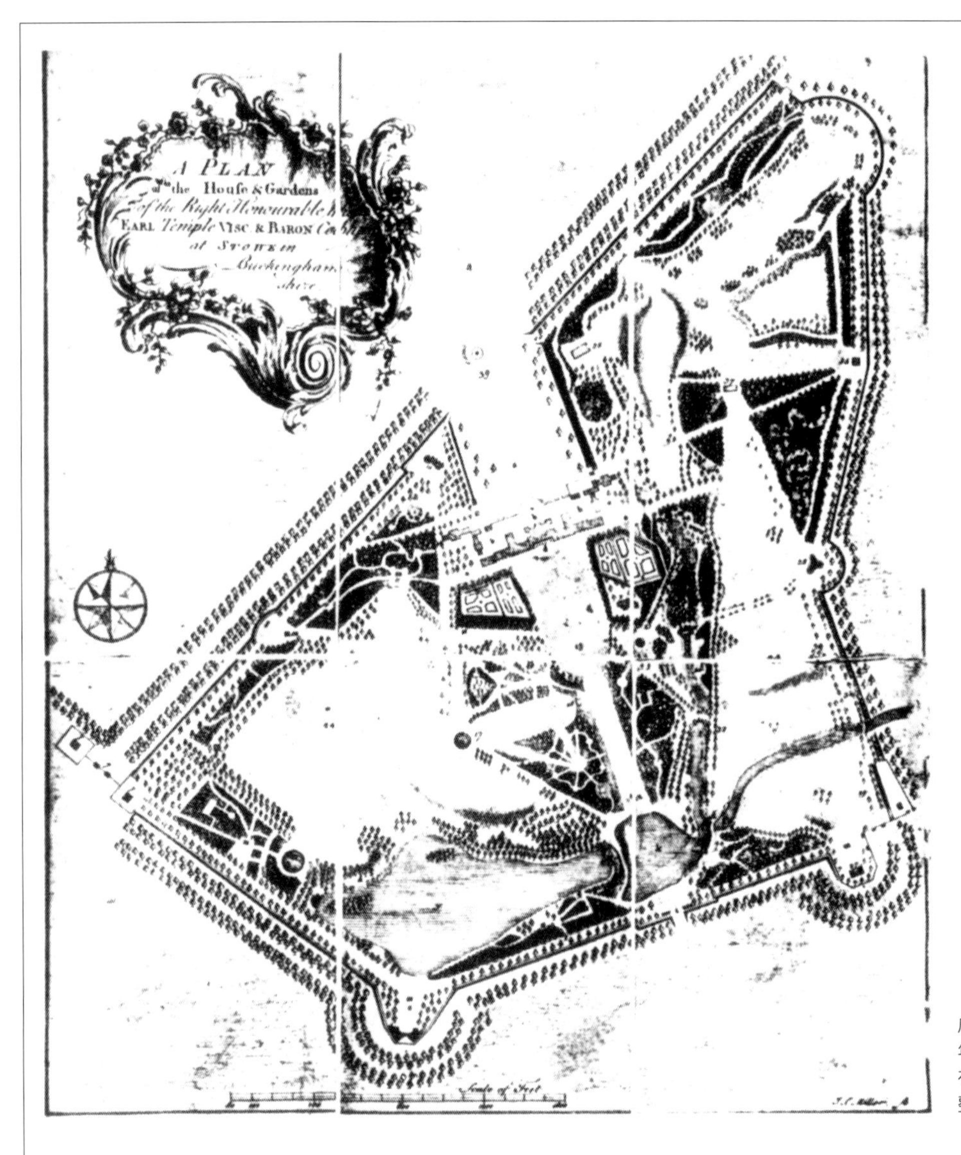


威廉·肯特的庭园设计图（1773年）。这是一座几何形状的庭园，有两座形状奇特的湖泊以及环绕整座庭园的行道树。

出自汉弗莱·雷普顿（Humphry Repton）的红皮书（请参阅《花之王国1：园艺植物》第133页）中描绘的18世纪风景式庭园。图中的庭园就采用了“哈哈沟”的景观设计。

## 威廉·肯特的花园

**纯粹的“风景主义”，浓缩大自然中的绝美景致。**

英国建筑师威廉·肯特摒弃了自伊丽莎白一世统治时期以来一直存在的几何学式园林风格，并独创了新的园林风格，这使他成为闻名世界的造园师。

在肯特现存的作品中，位于牛津近郊的罗夏姆园被认为是英式庭园的先驱。肯特在30英亩（约12公顷）的平地上铺了一片草地，其周围浓缩了森林、山谷、溪流、瀑布和洞窟等自然景观。除此之外，园内还有桥、塔和水车。整座庭园就是微缩的大自然。

根据18世纪英国作家霍勒斯·沃波尔的说法，这种“并不华丽”但在造园时加入了枯木及废墟等元素的纯粹的“风景主义”为同一时期的哥特式复兴和浪漫主义美学的发展做出了重大贡献。

## 霍勒斯·沃波尔的“哈哈沟”

**新时代的庭园设计，既能享受私人庭园的乐趣，又能欣赏开阔的景致。**

霍勒斯·沃波尔是18世纪最杰出的作家，被评为哥特式复兴的核心人物。他对庭园也有着非比寻常的兴趣，甚至在1770年出版了著作《论现代园林》（*On Modern Gardening*）。

沃波尔提倡一种新式的庭园设计，他称之为“哈哈沟”（Ha-ha，或称“哈哈墙”）。这种设计取代了传统的护城河或篱笆，用一种“无形的分界”将庭园与外界隔开，同时又不影响美观。

那为什么叫“哈哈沟”呢？它是一种壕沟与下沉式墙体组合的屏障，通常很难被察觉到。散步的人来到庭园的

仙童热带植物园内展示（新西兰）南岛物产的一角。

占地83英亩的仙童热带植物园。在这里，每个人都可以观赏到热带植物。

边界时，会被突然出现在眼前的沟吓到，而不自觉地发出“哈哈”的笑声。“哈哈沟”的叫法就是这么传开的。

汉弗莱·雷普顿提出了庭园改良理论“风景式庭园”，即大自然与庭园融为一体的英式园林风格，“哈哈沟”的出现使这一理论不再是纸上谈兵。这是一种新时代的景观设计，让人既能享受私人庭园的乐趣，又能欣赏开阔的景致。这种“风景式庭园”的魅力就在于能欣赏到连绵的丘陵，这也激发了风景画家的创作力。由此，英国出现了一批风景画家。

## 仙童热带植物园

**建造于鲜花盛开的地方，让所有人都能欣赏到热带植物。**

迈阿密仙童热带植物园建成于1938年。它被认为是民营商业热带植物园的先驱。园内种植着大量棕榈树和热带花卉，并出售各种纪念品。它一度被誉为美国南部最好的游乐园，吸引了许多来佛罗里达州迈阿密游玩的游客。

关于这座热带植物园的诞生，有许多逸事。植物园开业前几年的一个晚上，会计兼律师的罗伯特·希斯特·蒙哥马利（Robert Hiester Montgomery）阅读了美国热带植物探险家大卫·费尔切德（David Fairchild）的《探索植物》（*Exploring for Plants*）一书，并深受触动。不过，他更关心的是费尔切德采集的珍奇植物的去向。最终，他决定自食其力，在佛罗里达州建造一个任何人都能随时观赏热带植物的设施。说来也巧，“Florida”（佛罗里达州）一词源于西班牙语，意为“开满鲜花的地方”。

蒙哥马利在费尔切德的帮助下，开始在83英亩（约33.6公顷）的土地上动工，他要打造一座理想的热带植物园。开园后，这里随即成为美国首屈一指的热带植物园。同时，该植物园积极开展热带植物的展览和书籍出版等活动，开创了商业植物园的先河。

# 枫丹白露宫花园

**几何学式皇室园林的改建引发了兴建大型庭园的狂潮。**

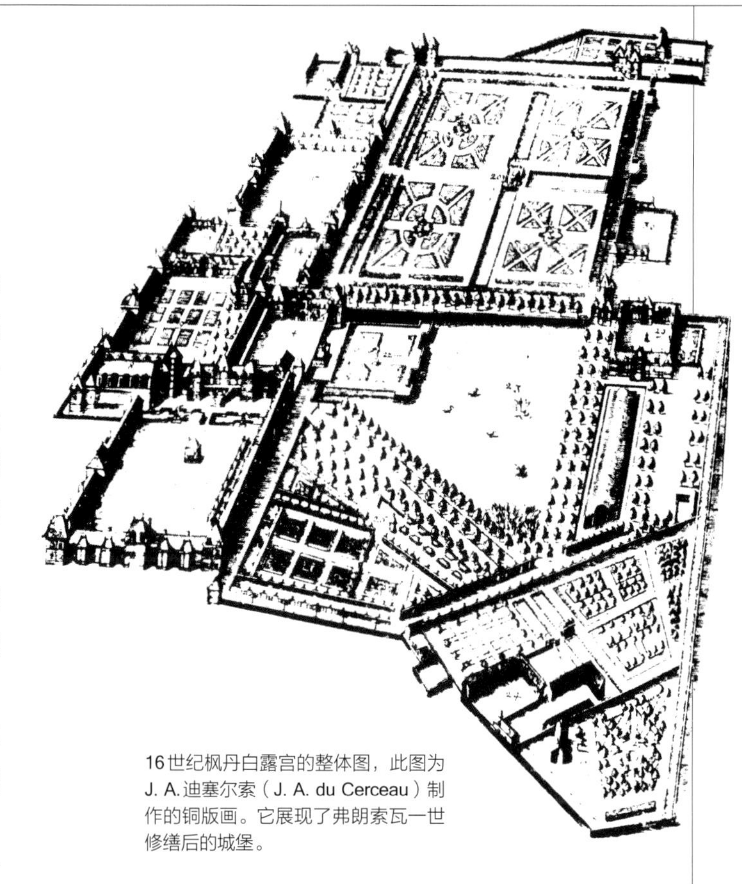
16世纪枫丹白露宫的整体图，此图为J. A. 迪塞尔索（J. A. du Cerceau）制作的铜版画。它展现了弗朗索瓦一世修缮后的城堡。

在巴黎东南约60千米处的塞纳河畔，有一片广袤的森林，其法文名“Fontainebleau”的原意为“美丽的泉水”。枫丹白露森林以其丰富的物种而闻名，阔叶树和针叶树青翠重叠，面积近25 000公顷。森林中随处可见大小不同的岩石，法国文艺复兴时期的建筑典范、著名的城堡——枫丹白露宫就坐落在这里，而这片森林就是枫丹白露宫的天然花园。

枫丹白露宫始建于11世纪，是皇家狩猎的行宫。弗朗索瓦一世在16世纪对宫殿进行了大规模修缮，参与宫殿建设的艺术家们被统称为“枫丹白露派”。

当时建造的宫殿内花园是一座意大利风格的大型几何学式花园，一改法国传承已久的中世纪草药园的形象。据说，这个花园引发了法国兴建大型花园的狂潮。

19世纪中叶，枫丹白露森林的一角建立了一个小村庄，还涌现了一批描绘自然风景的艺术家，他们因该地区的名字“Barbizon”而被称为“巴比松派”。

枫丹白露宫现在的花园，绿植和其他方面都已简化。

# 《玫瑰传奇》的花园

**充满寓意又浪漫唯美的神秘花园。**

在中世纪的法国，玫瑰园经常出现在城堡和修道院中，是为数不多的观赏花园之一。当时，寓言体十分盛行，人们通过寓言来接触自然事物，玫瑰园也被用于爱情寓言中，这也催生了浪漫的《玫瑰传奇》（*Le Roman de la Rose*）。

《玫瑰传奇》是一部流传至今的长篇寓言体叙事诗，前半部分和后半部分的作者不同，到13世纪末基本完成。作者将自己的梦想以浪漫主义形式表现，并赋予寓言特有的双重含义，如“玫瑰的美丽与淑女的美丽”“折采玫瑰与将爱人占为己有”等，这是一部带有神秘色彩的作品。

玫瑰之所以成为爱情的象征，或许要追溯至遥远的古希腊时期。抒情女诗人萨福（Sappho）盛赞马其顿玫瑰的美丽，于是玫瑰成为献给爱神维纳斯的花。

从手抄本时期开始，《玫瑰传奇》就被大量地绘制成插画。各版本的插画中总是少不了花团锦簇的玫瑰。白玫瑰和红玫瑰是维纳斯的“爱情运势”，花园暗示着宫廷恋爱，是骑士精神的体现。值得注意的是，玫瑰、骑士、爱情与十字军东征都密不可分。

《玫瑰传奇》14世纪手抄本的插画。这是歌颂玫瑰之美的最古老的诗歌之一。

这本充满寓意的《玫瑰传奇》由英国诗人杰弗雷·乔叟（Geoffrey Chaucer）翻译并引入英国（图为14世纪手抄本的插画）。

## 阿尔罕布拉宫的花园

**漫步花园时，仿佛踩在了花毯上。**

自从伊比利亚半岛被阿拉伯人占领以来，其都城科尔多瓦日益繁荣，甚至可与阿拉伯帝国的首都巴格达相媲美。至此，伊斯兰文化已完全渗透这片土地，这是不争的历史事实。

然而在11世纪，科尔多瓦的哈里发失势，阿拉伯人撤出了伊比利亚半岛，而格拉纳达这个被山谷环绕的小地方依旧作为欧洲最大的伊斯兰文化堡垒繁荣发展，同时它还接收了许多来自科尔多瓦的逃亡者。

伊比利亚半岛的伊斯兰文化象征便是阿尔罕布拉宫。据说，研究人员对这里的阿拉伯式花园进行了调查，它们与意大利式花园有着本质的区别。

花园的形状是长方形的，其中的小路被设计成十字形。另外，花坛比小路低1米左右，这样一来，游客漫步花园时，就能体验到仿佛踩在花毯上的感觉。

小路上还种植了提供阴凉的大树，水源也非常充足。对从炎热的沙地“逃出”的人们来说，这样的花园是十分必要的。

位于阿尔罕布拉宫附近的赫内拉利费花园。这里绿树成荫，流水潺潺，宛如世外桃源。

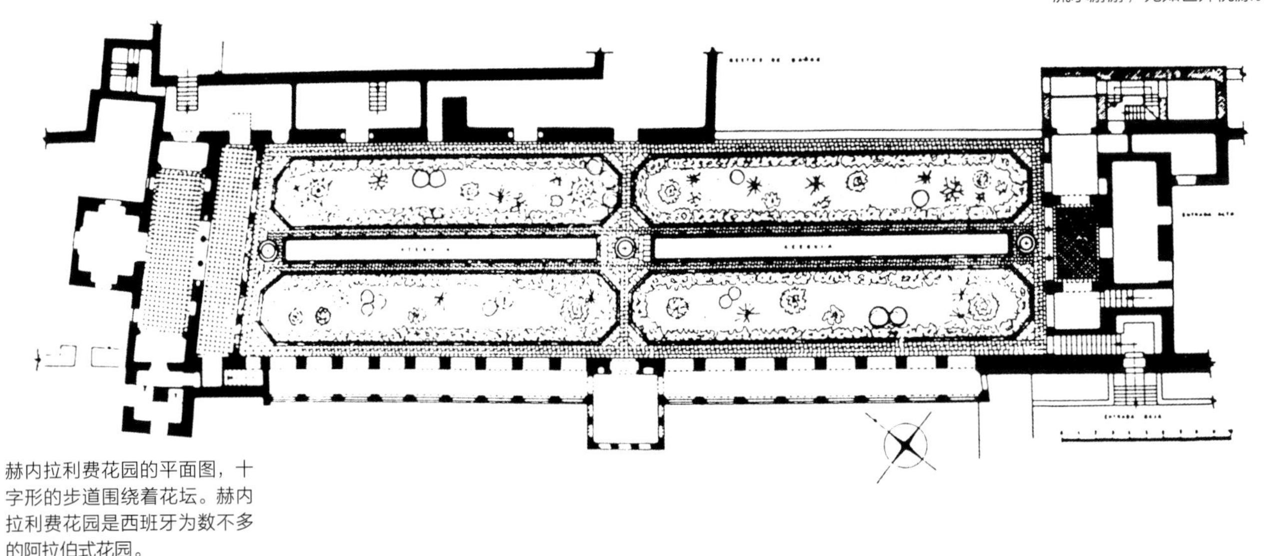

赫内拉利费花园的平面图，十字形的步道围绕着花坛。赫内拉利费花园是西班牙为数不多的阿拉伯式花园。

## 阿兹特克人的圣庭

**古代墨西哥人认为，世界就是一座被分割成不同区域的花园。**

花园在古代墨西哥文明中扮演着重要角色，它是众神跳舞和嬉戏的场所，这里还种植了许多圣树。

在约14世纪由阿兹特克人制作的《费耶瓦里-梅耶手抄本》（*Codex Féjérvary Mayer*）中，世界被表现为一个由正中央的神明为起点，向四处延伸的花园。在这张手稿中，树木的作用是提示方位。例如，上方（代表东方）为“晨曦树”，它的两侧有晨曦之神和尖石之神；左边的树很像仙人掌；右边的是祭祀树，上面结出像玉米的果实。

阿兹特克人认为，世界是一座花园，可以被分为5个领域：生命从日出开始，接着是死亡、酩酊、享乐，最后重生。左边的重生之树从中间裂开，可能代表着与生育有关的阴道。

# 摩耶夫人的花园

**圣树高耸而立，莲花齐开，佛教世界中的“天上乐园”。**

《佛陀诞生图》的主角是怀着佛陀的摩耶夫人，背景是令人目不暇接的花园。这幅图让我们见识了一个犹如天界般的乐园。

摩耶夫人梦见一头白象从天而降钻入她的右肋，之后她就怀上了佛陀。佛陀出生后便立即能站立，他行七步，步步生莲，并向“苦难的上界”发起挑战。摩耶夫人也因此从世俗世界中获得解脱。

图中的花园里最重要的植物是娑罗双和莲花。娑罗双是生命之树，也是让佛陀诞生于人间的圣树。在印度，莲花自古以来一直是太阳与光的象征。据说，佛陀诞生时，莲花在瞬间同时开放。在西方净土有一座神圣的莲花池，逝者的灵魂沉睡在其花苞中。

阿兹特克人制作的手稿《费耶瓦里-梅耶手抄本》（墨西哥，1350年前）。

《佛陀诞生图》。在这幅图的中央，摩耶夫人手扶娑罗双的树枝，站在莲花上。

# 灵魂花园

**“神之光”从天国的花园中照射至世俗人间。**

人类的灵魂常常被比作圣性觉醒和成长的花园。心理学家卡尔·荣格认为，觉醒的圣性或心灵通常表现为树木。因此，荣格将梦中出现的花园和树解释为“自我成长的过程”。在这个过程中，“自我”或“人格”会向外释放能量。

荣格的这一结论参考了雅各·波墨（Jakob Böhme）和威廉·劳（William Law）等西方神秘学家留下的文字和图画。例如，对右侧《雅各·波墨作品集》（1764—1781年）中的寓言画（威廉·劳绘）可以做如下解释。

最上方有一道三角形的“神光”，它从被称为天堂的花园里照射到最底层的世俗人间（思想）。思想沐浴在“神光”中，向上延伸，穿过象征着“苦恼”或“敬虔”的“炎之世界”，最终进入神圣意识之光普照下的觉悟世界。

如此，代表着灵魂成长的树升入了天界。这棵树是棕榈树，这或许因为它是印度人维持生计的支柱。

# 阿姆斯特丹药草园

**来自亚洲与新大陆的珍奇植物的大型种植中心。**

阿姆斯特丹药草园是荷兰屈指可数的药草园之一，由17世纪杰出的造园师扬·卡默林（Jan Commelin）管理。它曾是美第奇家族的大花园，后来成了一个大型种植中心，主要种植荷兰东印度公司从亚洲和新大陆带回来的珍奇植物。

科梅林将药草园种植的植物记录在《美第奇家族的阿姆斯特丹花园异国植物图鉴》（*Catalogus Plantarum Horti Medici Amstelodamensis*，1697—1701年）一书中，这本书在当时被视为欧洲最好的异国植物志之一。后来，科梅林还引进了许多非洲植物，并委托侄子卡斯珀·卡默林（Caspar Commelin）进行记录。

卡斯珀后来成为阿姆斯特丹植物园的教授，并于1715年完成了他从叔叔那里继承的非洲植物名录。

威廉·劳在《雅各·波墨作品集》中绘制的插画。

《美第奇家族的阿姆斯特丹花园异国植物图鉴》中的插图。

卡斯珀·卡默林著作中的插图（1716年）。图中有阿波罗和阿斯克勒庇俄斯的雕像以及盆栽的芦荟。

## 伊克斯坦岩石花园

**一座由怪异巨石组成的“神圣花园”，神秘主义者在此举行祭祀仪式。**

巨石信仰在欧洲广为流传，由此诞生了卡纳克石阵和巨石阵等神秘建筑。位于德国霍恩-巴特迈恩贝格的伊克斯坦岩石也是巨石信仰的一个例子。

据说，这里的怪异巨石曾是当地狩猎驯鹿的古老民族的祭祀场所。基督教传入后，这里被用作修道院、隐士的居所和聚会场所，并由此形成了具有强烈的神秘主义倾向的教派。

从考古学的角度来看，这个地方与古代文化的联系似乎并不那么明显，但对神秘主义者来说，它绝对是一座永恒的“神圣花园”。

## 汉普顿宫花园

**半圆形的大花园，有迷宫花园和低洼花园。**

汉普顿宫花园是英国王室最钟爱的大花园。与邱园强调科学作用不同，汉普顿宫一直保留其传统的皇家园林功能。塞纳河畔有枫丹白露宫，泰晤士河畔也有能与之媲美

霍恩-巴特迈恩贝格的伊克斯坦岩石，此为埃米尔·蔡司（Emil Zeiss）制作的石版画（德国，1860年左右）。

的汉普顿宫。

1688年，也就是威廉国王和玛丽王后共同执政的那年，在克里斯托弗·雷恩（Christopher Wren）的指导下，汉普顿宫开始以凡尔赛宫为蓝本进行改建。花园由园林设计师乔治·伦敦（George London）设计，最初的计划是建造一个法式大型喷泉花园，其特点是花园呈半圆形。著名的汉普顿宫迷宫也是由乔治·伦敦建造的。最终，国家经费的大部分预算都用在了这座花园的建造上。

除了迷宫，汉普顿宫还有一些不同寻常的花坛和苗圃，如下沉式花坛。

汉普顿宫的下沉式低洼花园，现在依然完好地保存着。

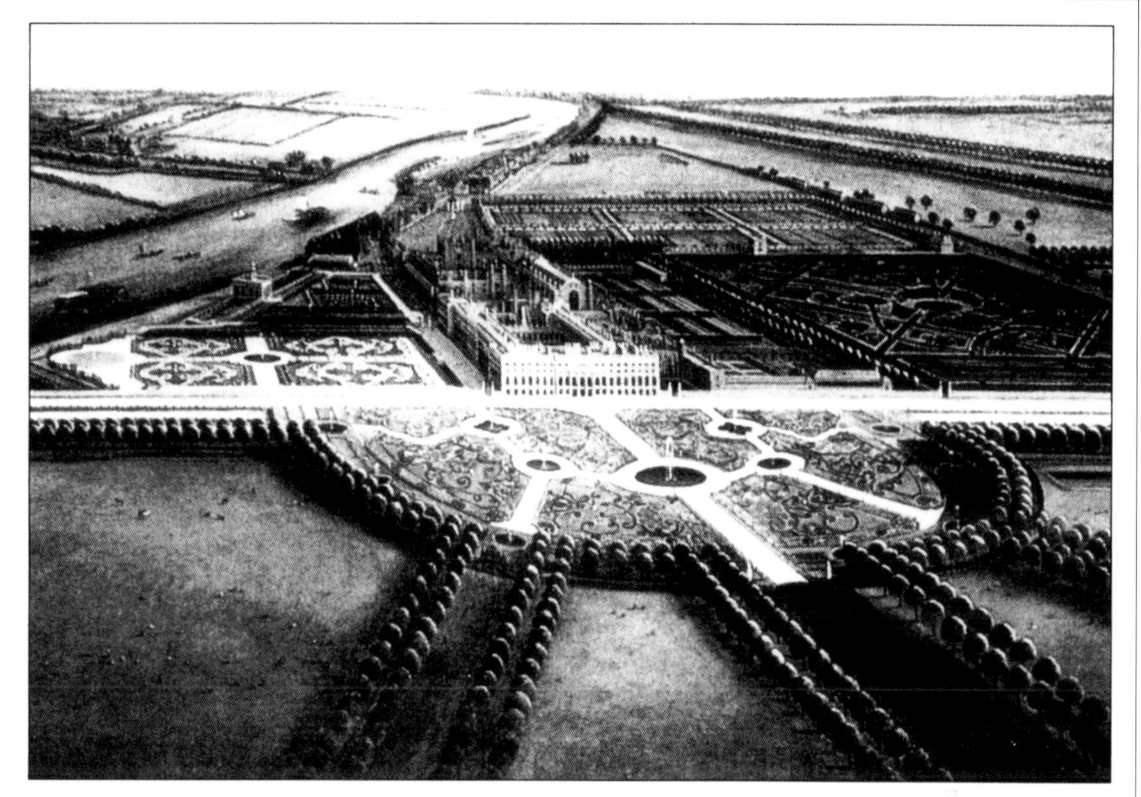

汉普顿宫的巨大半圆形花园，由乔治·伦敦设计。

## 燕子花的花园

**从一首和歌中诞生的湿地花园设计。**

种植于桂离宫中松琴亭周边的燕子花（*Iris laevigata*），是完美的点缀，为原本没有色彩的书院式园林增添了一份紫色的美。

我们常常能见到许多日本绘画作品中都出现了八桥旁盛开的燕子花。尾形光琳的代表作“八桥莳绘螺钿砚箱”就是一个典型的例子。它与《伊势物语》第九章中的一则逸事有关。在这则故事中，男人离京东去，途经三河国的八桥时见到了美丽的燕子花，于是吟咏和歌，泪下沾襟。这首和歌是一首藏头歌，每句的第一个字组成了燕子花的日文名“かきつばた”[1]：

からころも/きつつなれにし/つましあれば/はるばるきぬる/たびをしぞおもう。

（穿惯了的衣，抛弃了爱妻。迢迢来东国，心绪紧恋伊。）

根据这个传说，燕子花的花园里建起了八桥，后来连花菖蒲池上也架起了八桥。这就是从一首和歌中诞生的湿地花园设计。

尾形光琳的“八桥莳绘螺钿砚箱”。这是在八桥周围绘有燕子花的代表作品。

1 不分清浊音。——译者

# 学名索引

# 相关人名索引

**1 约翰·威廉·魏因曼（Johann Wilhelm Weinmann，1683—1741年）**

德国南部雷根斯堡最古老的药店的店主，他曾邀请许多画家与其一起绘制《药用植物图谱》的插图，其中包括德国植物学家兼艺术家乔治·狄奥尼修斯·埃雷。→*7, 9, 92*

**2 霍勒斯·沃波尔（Horace Walpole，1717—1797年）**

英国文学家，首相罗伯特·沃波尔（Robert Walpole）的小儿子。从剑桥大学毕业后，与诗人托马斯·格雷（Thomas Gray）一起在欧洲游学，并由此将一种新的园林审美观带入英国。1747年，他按照自己的品位建造了名为“草莓山庄”的豪宅，该豪宅位于伦敦郊区，是一座哥特式建筑。他创作的第一部哥特式浪漫小说《奥托兰多城堡》（*The Castle of Otranto*），对超现实主义产生了深远影响。→*138*

**3 阿尔弗雷德·拉塞尔·华莱士（Alfred Russel Wallace，1823—1913年）**

英国动物学家和动物地理学家。作为一位博物学家，与达尔文同时提出自然选择理论，其光芒却被达尔文所掩。在与昆虫学家亨利·沃尔特·贝兹（Henry Walter Bates）一起对南美洲进行博物考察后，开始研究东南亚动物的地理分布，并发现了著名的“华莱士线”（Wallace's Line）→*122*

**4 詹姆斯·库克（James Cook，1728—1779年）**

英国探险家、航海家，大家一般称其“库克船长”。应英国皇家学会的要求，他一共进行了3次远洋探险，使欧洲人对太平洋有了全面的了解。第一次（1768—1771年）他去了新西兰和澳大利亚，第二次（1772—1775年）去了南冰洋，第三次（1776—1779年）去了夏威夷群岛。后来，他在与夏威夷岛上的原住民的冲突中不幸丧生。→*10, 11, 18, 34, 35*

**5 栗本丹洲（1756—1834年）**

江户时代中后期医生、本草学家。江户时代医师、草药师田村蓝水的次子，1778年被幕府医生栗本昌友收为养子。他将草药学作为药理学的基础进行研究，并树立了自己的博物学家理想。他还创作了大量动物彩色插图，主要作品有《鸟兽鱼写生图》《千虫图》《皇和鱼谱》等。→*7*

**6 康拉德·格斯纳（Conrad Gesner，1516—1565年）**

瑞士博物学家、目录学家。他从25岁开始编制书目，广泛收集包含博物学在内的各种书籍，同时热爱登山，从事动植物的收集和研究。在园艺方面最大的成就是奠定了郁金香在欧洲传播的基础。→*11*

**7 威廉·肯特（William Kent，1684—1748年）**

英国画家、建筑师、园林设计师。14岁在一位马车涂装师傅的门下当学徒，4年后前往伦敦。在伦敦，其肖像画和历史画得到认可，并在资助下前往罗马留学。在罗马当地的学院表现出色，并得到了著名艺术爱好者伯灵顿勋爵（Earl of Burlington）的资助。才华横溢，在建筑和园林领域也颇有建树。→*138*

**8 罗伯特·约翰·桑顿（Robert John Thornton，1768—1837年）**

英国博物学出版家。生于伦敦，爷爷是药剂师，父亲是作家。毕业于剑桥大学医学系，出版了被誉为史上最美的植物画集《花之神殿》。→*50*

**9 查尔斯·罗伯特·达尔文（Charles Robert Darwin，1809—1882年）**

英国生物学家。因倡导自然选择、进化论而闻名。受进化论思想家，也就是其祖父伊拉斯谟斯·达尔文（Erasmus Darwin）的著作影响，从小就对博物采集充满兴趣，亚历山大·冯·洪堡的《南美游记》（*Voyage aux régions équinoxiales du Nouveau Continent*）给他留下了尤其深刻的印象。从剑桥大学毕业后，他以博物学者的身份不计报酬地登上了海军勘测船“贝格尔号”。进化论就是这次考察的成果。→*15, 121, 122, 124*

**10 卡尔·彼得·通贝里（Carl Peter Tunberg，1743—1828年）**

瑞典医生、植物学家、探险家。曾就读于乌普萨拉大学，师从植物分类学之父卡尔·林奈。在南非探险时发现了山牵牛等植物，之后作为医生赴日本出岛，回国后成为乌普萨拉大学学长。主要著作为《日本植物志》（*Flora Japonica*，1784年），首次根据林奈双名法向欧洲介绍了日本的植物。→*18*

**11 迪奥斯科里德斯（Dioskorides，生卒年不详）**

活跃于1世纪的罗马时代的医生，古代药理学的集大成者。曾在尼禄皇帝治下担任军医，周游列国时见识了许多药物。他汇编有5卷本《药理》（*De materia medica*），对包括600种植物在内的827种药物进行了分类，在之后的1000多年里一直被奉为经典。现存于维也纳的《药理》手抄本是在512年左右拜占庭时期编纂而成的，也是世上现存的最古老的植物图谱。→*86*

**12 泰奥弗拉斯托斯（Theophrastos，约前372—前288年）**

古希腊哲学家、植物学家。亚里士多德的学生，后接替亚里士多德领导吕克昂学园。著作涉及多个领域，在植物学方面著有9卷本《植物志》（*Historia Plantarum*）及6卷本《植物成因论》（*De Causis Plantarum*），都是世界上现存最古老的植物学著作，其中许多植物名至今仍被用作学名。→*18, 47, 60*

**13　老约翰·特拉德斯坎特（John Tradescant the elder，1570—1638年）**

英国园艺家。他在1611年成为索尔兹伯里勋爵花园里的园丁，之后又成为查理一世的皇家园丁。他曾去往俄罗斯探险，并将儿子小约翰·特拉德斯坎特（John Tradescant the younger，1608—1662年）派往美国。→*133*

**14　约瑟夫·帕克斯顿（Joseph Paxton，1801—1865年）**

英国园艺家、建筑家，因于1836—1840年为德文郡公爵设计温室而声名大噪。他最初是工人，算是半路出家的建筑家，排除万难，用设计温室的方法设计了第1届伦敦万国博览会展馆，著有《英国园艺事典》（1868年）。→*75*

**15　马场大助（1785—1868年）**

出生于江户，旗本马场利光的次子，江户业余博物学家研究会"赭鞭会"的核心成员之一。他在芝增上寺西里的自家庭院里栽培了许多西洋舶来的植物，并对其进行观察和写生。与岩崎灌园也有来往，在西博尔德到访江户时，还与灌园一同前去拜访西博尔德。其创作有《远西舶上画谱》《群英类聚图谱》等著作。→*101*

**16　比尼泽·霍华德（Ebenezer Howard，1850—1928年）**

英国城市学家。出生于伦敦，20多岁移居美国。他深受美国城市规划的影响，并由此开始倡导"田园城市"。据说，其思想深受爱德华·贝拉米（Edward Bellamy）描述未来的小说《回顾：公元2000—1887年》（*Looking Backward: 2000—1887*）的影响。→*131*

**17　约瑟夫·班克斯（Joseph Banks，1743—1820年）**

英国植物学家，立志研究植物学。从牛津大学毕业后，他参加了库克船长的第一次远洋探险。之后，他成为英国皇家学会会长，一干就是40年。他还成立了林奈学会，以振兴植物学。他还担任过邱园的园长，将邱园打造成了一个大型的殖民地植物研究中心。→*10, 11, 13, 14, 18, 34, 35*

**18　盖乌斯·普林尼·塞孔都斯（又称老普林尼，Gaius Plinius Secundus，23—79年）**

古罗马博物学家，学贯古今和中西，于公元77年完成37卷巨著《博物志》。→*49, 86, 90, 91, 104*

**19　赫尔曼·布尔哈夫（Herman Boerhaave，1668—1738年）**

荷兰医生。17—18世纪，荷兰共和国的黄金时代结束，国家由盛转衰。在这一时期，这个国家的学术和文化发展却迎来了鼎盛期，其中的主角之一就是布尔哈夫。他吸引了来自欧洲各地的学生，莱顿学派因此闻名于世。莱顿的布尔哈夫纪念科学史博物馆便是以他的名字命名的。→*134, 135*

**20　亚历山大·冯·洪堡（Alexander von Humboldt，1769—1859年）**

德国博物学家、自然哲学家，著名政治家和语言学家威廉·冯·洪堡（Wilhelm von Humboldt）的弟弟。他出生于柏林，曾在哥廷根大学学习植物学和矿山地质学，于1799—1804年前往新大陆进行博物探险。他的自然哲学巨著《宇宙》（*Kosmos*）对后世影响深远。→*11, 71*

**21　牧野富太郎（1862—1957年）**

日本植物分类学大师，生于高知县，小学辍学后到东京攻读植物学。他常常出入东京帝国大学植物学系，先后接触到矢田部良吉、松村任三等人。有一段时间他曾被禁止进入该系，但在明治时代中期时成为助教，后成为讲师。据说，日本的原生植物中有1/6是由牧野命名的。其位于东京练马区的故居已被改建为牧野纪念庭园，高知县也建设了高知县立牧野植物园，以纪念他的功绩。→*109, 115*

**22　弗朗西斯·马森（Francis Masson，1741—1806年）**

英国植物采集家。邱园园长约瑟夫·班克斯正式任命的第一位植物收集家，也是第一个将南非的珍奇花卉鹤望兰带到英国的人。→*18, 89*

**23　卡尔·冯·林奈（Carl von Linne，1707—1778年）**

瑞典植物学家、现代生物学的奠基人。师从瑞典博物学家、乌普萨拉大学教授鲁德贝克，毕业后，林奈前往拉普兰进行植物采集。之后，他前往荷兰、英国和法国游学。回国后，他接替导师成为母校的植物学教授。提出以花的形状为基础的人为分类系统和生物名称的二项式命名法。→*10, 11, 14, 18, 28, 35, 120, 129, 135*

# 图片出处索引

1 《药用植物图谱》(*Duidelyke Vertoning, Eeniger Duizend in alle vier waerelds deelen wassende Bomen*)，约翰·威廉·魏因曼，卷4，阿姆斯特丹，1736—1748年

药用植物图谱，收录内容按字母顺序排列，对日本江户时代的博物学家栗本丹洲等人产生了重要影响。18世纪最全的附带插图的植物学作品，其中部分插图由著名植物画家乔治·狄奥尼修斯·埃雷绘制。→*18, 22, 23, 24, 88, 90, 92*

2 《爱德华植物名录》(*Edwards Botanical Register*)，西德纳姆·爱德华兹（Sydenham Edwards），卷8，伦敦，1815—1847年

英国代表园艺书之一。多达33卷，2719张插图，发行数量仅次于《柯蒂斯植物学杂志》。制作者爱德华也是《柯蒂斯植物学杂志》的画师。→*37*

3 《中国和印度植物图谱》(*Icones Plantarum Sponte China Nascentium*)，查尔斯·科尔（Charles Ker），伦敦，1821年

残缺不全的中国植物图谱。不过，书中由中国画师描绘的彩色石版插图完成度很高。→*80*

4 《柯蒂斯植物学杂志》(*Curtis's Botanical Magazine*)，威廉·柯蒂斯（William Curtis），卷8，伦敦，1787年至今

1787年创刊，1984—1994年更名为《邱园杂志》(*The Kew Magazine*)，1995年又恢复原名《柯蒂斯植物学杂志》。至今仍在发行，是一本重要的园艺杂志。其中提供的高质量彩色插图，是像本书这样的科普书不可或缺的信息来源。→*20, 24, 35, 36, 41, 43, 82, 89, 97*

5 《哥伦比亚植物志》(*Florae Columbiae*)，赫尔曼·卡斯滕（Hermann Karsten），对开本，柏林，1858—1861年

德国植物学家描绘的中美洲哥伦比亚植物图谱。大尺寸彩绘石版插图充满力量感，尤其是插图中的各种棕榈树，奇异而引人注目。→*60, 63, 105, 106, 107*

6 《药用植物事典》(*Flore Médicale*)，弗朗索瓦-皮埃尔·肖默东（François-Pierre Chaumeton）、让·路易·马里·普瓦雷（Jean Louis Marie Poiret）、让-巴蒂斯特·蒂尔巴斯·德·尚伯雷（Jean-Baptiste Tyrbas de Chamberet）编，让·弗朗索瓦·蒂尔潘（Jean François Turpin）绘，卷8，巴黎，1833—1835年

初版于1814—1820年发行，之后又发行了多个其他版本。初版有349幅插图，后来版本的插图数量有所增加，有些版本包含600幅插图。这些插图由19世纪初与皮埃尔-约瑟夫·雷杜德（Pierre-Joseph Redouté）齐名的著名植物画画师蒂尔潘绘制。这部精美的小书被誉为必须人手一本的珍藏品。→*40, 58, 59, 81, 86*

7 《花之神殿》(*Temple of Flor*)，罗伯特·约翰·桑顿，4开，伦敦，1812年

桑顿赫赫有名的《卡尔·冯·林奈植物生殖系统新图解》(*New Illustration of the Sexual System of Carolus von Linnaeus*，1799—1907年）的再版。32幅插图运用了铜版画中所有可以运用的技法，插画背景极具浪漫情调，每一张插图都精美绝伦。→*25*

8 《荷兰属印度群岛自然志》(*Verhandelingen over de natuurlijke geschiedenis der Nederlandsche overzeesche bezittingen...*)，康拉德·雅各·特明克，莱顿，1839—1944年

出色的荷兰殖民地的探险图谱。图谱为手工上色的石版画，因其中记载了许多猪笼草属植物而出名。→*122, 123*

9 《万有博物学事典》(*Dictionnaire Univeresl d'Histoire Naturelle*)，阿尔西德·查尔斯·维克多·玛丽·德萨林·多比尼（Alcide Charles Victor Marie Dessalines d'Orbigny）编，卷8，巴黎，1837年

由文字介绍16卷、图谱6卷组成的综合自然志辞典。参与编写的作者和画师都是当时最专业的。→*18, 40, 87*

10 《远西舶上画谱》，马场大助，出版年代不详

据说高官马场利光与木曾义仲有亲戚关系，其次子马场大助自幼热爱博物学，后来成为江户业余博物学家研究会“赭鞭会”的主要成员。他致力于创作外来花卉图谱。这本书是他的代表作，共10卷。书中许多插图被认为出自服部雪斋之手。该书现在藏于东京国立博物馆。→*84, 94, 101, 125*

11 《班克斯花谱》(*Floreligium*)，约瑟夫·班克斯，1988年

库克船长的第一次航海，同行的有博物画家西德尼·帕金森。帕金森绘制了旅途中发现的新植物的插图。200年后，这些植物插图经过上色印刷后正式发行。开创博物学先河的航海记录至今仍在出版，这也证明了博物学的长盛不衰。→*34*

12 《法国本草志》(*Herbier de la France*)，皮埃尔·比亚尔（Pierre Buillard）编，卷5，对开本，巴黎，1780—1795年

18世纪晚期最杰出的草药书。作者是一名植物学家，绘画也十分拿手。本书放弃了彩绘，完全以拓印的形式制作了600张铜版画。插图构图大胆有趣，但色彩普遍较为单调。→*114, 115, 116, 117*

13 《爱好家的百花》(*Flore de l'amateur-Choix des plantes les plus remarquables par leur élégance et leur utilité*)，皮埃尔·科尔内耶·凡·吉尔（Pierre Corneille van Geel），对开本，巴黎，1847年

为了增加全16卷的大型园艺书《植物采集报告》(*Sertum*

*Botanicum*，1829—1830年）的销量，凡·吉尔精选了200张插图，结集成美丽的花卉集出版。其中手工上色的石版画十分精美。→*28, 31, 44, 48, 54, 91, 104*

**14 《爪哇植物志》(*Flora Javae nec non insularum adjacentium*)，卡尔·路德维格·布鲁姆（Karl Ludwig Blume），卷3，对开本，布鲁塞尔，1828—1851年**

布鲁姆的重要著作，主要介绍爪哇茂物植物园中的生物。其中有大王花的大型插图，对比较东亚植物具有重要意义。→*27, 29, 30, 62, 70, 72, 108, 110, 112, 118*

**15 《画给孩子们的图谱》(*Bilderbuch für Kinder*，共12卷)，弗里德里希·尤斯廷·贝尔图赫（Friedrich Justin Bertuch），卷8，魏玛，1810年**

19世纪出版的儿童百科全书，一本伟大的杰作。它几乎描绘了地球上的所有现象，包含1000多页手工彩绘插图。→*26, 66, 67, 71, 83, 98, 99, 102, 108, 114*

**16 《新南威尔士州航海志》(*Journal of Voyage to New South Wales*)，约翰·怀特（John White），1790年**

作者最早在英国殖民统治下的澳大利亚进行的博物研究记录集。在植物方面，书中对佛塔树属的记述非常重要。→*36*

**17 《一般园艺家杂志》(*L'Horticulteur Universe*)，查尔斯·安托万·勒梅尔编，卷8，巴黎，1841—？年**

勒梅尔编辑的杂志之一。由于是稀见本，无法得知全部卷数。→*52, 127*

**18 《园艺图谱志》(*L'Illustration horticole*)，查尔斯·安托万·勒梅尔，根特，卷8，1854—1856年**

勒梅尔所著的园艺书之一，共43卷，1200幅插图。前半部分插图为手工上色，后半部分为彩色石版画。→*32, 33, 46, 55, 56, 61, 64, 65, 68, 69, 101, 103, 120, 121*

**19 《欧洲温室和园林花卉》(*Flore des serres et des jardins de l'Europe*)，查尔斯·安托万·勒梅尔、米歇尔·约瑟夫·弗朗索瓦·施莱德韦勒（Michael Joseph François Scheidweiler）、路易·凡·豪特（Louis Van Houtte），根特，1845—1860年**

比利时出版的园艺目录。共23卷，2480幅插图，均为彩色拓印石版画。原作者纪尧姆·塞弗林是比利时著名的画家，其出色的绘画水平至今仍受到人们的赞赏。→*21, 38, 50, 74, 76, 77, 78, 79, 96, 100*

**20 《来自昆虫的款待》(*Der monatlich-herausgegebenen Insecten-Belustigungen*)，奥古斯都·约翰·罗塞尔·冯·卢森霍夫（August Johann Rösel von Rosenhof），1746—1761年**

卢森霍夫是德国铜版画师及博物学家，这是由其绘制的18世纪最杰出的昆虫图谱之一。其中记载了珍奇之物中的犀角属。→*19*

**21 《科罗曼德海岸植物志》(*Paints of the coast of Coromandel*)，威廉·罗克斯堡（William Roxburgh），伦敦，1795—1819年**

英国东印度公司在加尔各答植物园中栽培从科罗曼德沿岸采集的植物，罗克斯堡是出版人，插图由印度半岛当地的画家绘制，品位不凡。→*45, 126*

**22 《药用植物志》(*Phytographie médicale, ornée de figures coloriées de grandeur naturelle*)，约瑟夫·罗克斯（Joseph Roques），巴黎，1821年**

该书的最终版本包含180幅插图，是19世纪法国最精美的药用植物彩色图谱。插图由奥卡尔绘制。发行者罗克斯是巴黎的一名医生，后来负责管理蒙彼利埃植物园。→*42, 47, 51*

**23 《植物学博物馆》(*The Botanical Cabinet*)，康拉德·洛迪格斯（Conrad Loddiges），卷8，伦敦，1817—1827年**

洛迪格斯家族出版的园艺刊物，共20卷。精美的彩绘图版是乔治·库克（George Cooke）按照洛迪格斯的原图制版而成的。→*20, 85, 124*

**图书在版编目（CIP）数据**

花之王国. 4，珍奇植物 /（日）荒俣宏著；段练译. 天津：天津科学技术出版社，2024. 9. -- ISBN 978-7-5742-2258-8

Ⅰ. Q94-49

中国国家版本馆CIP数据核字第2024K8J085号

---

花之王国4：珍奇植物
HUA ZHI WANGGUO 4：ZHENQI ZHIWU
选题策划：联合天际・边建强
责任编辑：马妍吉
出　　版：天津出版传媒集团
　　　　　天津科学技术出版社
地　　址：天津市西康路35号
邮　　编：300051
电　　话：（022）23332695
网　　址：www.tjkjcbs.com.cn
发　　行：未读（天津）文化传媒有限公司
印　　刷：北京雅图新世纪印刷科技有限公司

关注未读好书

未读 CLUB
会员服务平台

开本 889 × 1194　1/16　印张 9.75　字数 150 000
2024年9月第1版第1次印刷
定价：128.00元